做自己的旁观者

用禅的智慧疗愈生命

包祖晓/著

华夏出版社

图书在版编目（CIP）数据

做自己的旁观者：用禅的智慧疗愈生命/包祖晓著.--北京：华夏出版社，2017.10（2018.1重印）
ISBN 978-7-5080-9253-9

Ⅰ.①做… Ⅱ.①包… Ⅲ.①禅宗－人生哲学－通俗读物 Ⅳ.①B946.5-49

中国版本图书馆 CIP 数据核字(2017)第 184668 号

做自己的旁观者：用禅的智慧疗愈生命

作　　者	包祖晓
责任编辑	梁学超　苑全玲
出版发行	华夏出版社
经　　销	新华书店
印　　装	三河市万龙印装有限公司
版　　次	2017 年 10 月北京第 1 版 2018 年 1 月北京第 2 次印刷
开　　本	720×1030　1/16 开
印　　张	14.75
字　　数	209 千字
定　　价	39.00 元

华夏出版社 地址：北京市东直门外香河园北里 4 号　邮编：100028
网址：www.hxph.com.cn　电话：（010）64663331（转）
若发现本版图书有印装质量问题，请与我社营销中心联系调换。

致　谢

在此，我谨向我的母亲池玉香和已故的父亲包汝省表示感谢，感谢你们不仅给了我生命，还教会我如何唤醒敬畏和真诚地生活。

我想向妻子张丽和女儿包静怡表示感谢，感谢你们的陪伴和宽容。

我想向我的来访者表示感谢，感谢你们的信任，在你们"疗愈生命"的同时，我的生命也在不断地疗愈，没有你们提供的临床资料，我无法完成此书。

我想感谢浙江省台州医院心理卫生科的虞安娜，感谢您协助整理文稿。

我想感谢浙江省台州医院心理卫生科的陈宝君、李燕、何聪聪以及中医科的何贵平，感谢你们提供宝贵的意见。

最后，向所有帮助过我的人表示感谢。

前 言

我们生活在一个艰难的时代，本以为科学和技术的进步会带来安逸、舒适和幸福，然而事实却并非如此。我们的经济建立在持续发展和扩张的基础之上；我们最大限度地开采使用可以获取的各种资源；我们拥有越来越多的个人财产和可供消费的商品，以及无数可供炫耀的技术成果。但是，我们仍然未能达到那种永久快乐的状态，而且很可能今后也无法享受到这种幸福和快乐。即使我们在某一天体验到了快乐和幸福，但就在第二天，我们又会认识到，我们一点都没有减少绝望和自我挫败的倾向。

医疗上的景象亦是如此。如今，现代医疗不断展现出近乎神奇的技巧和力量，令许多外行人感到惊奇。可是，在这同时，许多人对现代医学感到不安。批评者认为现代医疗技术建立在实用和效果的考量上，而医学的内在"缺乏灵魂"，这很可能会带来丧失人性的诅咒。

于是，有人从各种幸福哲学、养生书籍和大师处寻求慰藉，希望借此应对"人固有一死"的恐惧；有人从追求物质财富、权力和时尚中确立自己的"存在感"，希望借此逃避生命本身的"无意义"；有人靠不停地忙碌、工作、趋同、应酬来充实生活，希望借此来逃避内心的"孤独"和"存在性自由"；有人不断用药物控制自己的焦虑、抑郁、失眠等心理痛苦及各种躯体不适，借此麻痹自己的躯体与心灵的感受，使自己免受直面"存在性"困境的痛苦……

德国精神科医生曼弗雷德·吕茨提出："在这个世界上，其实没有精神分裂症，没有抑郁症，没有成瘾症——有的只是承受着各种不同痛苦现象的人。"存在主义心理治疗家欧文 D·亚隆提出："如果我们专心思考我们活着（即我们在世界上存在）这个事实，并且尽力把那些让人分心的、琐屑的事物置于一边，尝试去认真考虑导致焦虑的真正根源，我们便开始触及某些基本主题：死亡、无意义、孤独和自由。"

作为精神/心理卫生科医生，作者对这些观点深表赞同。例如：许多以失眠（尤其入睡困难）、焦虑为主诉的求治者，其潜意识中蛰伏着深深的"死亡恐惧"或"无意义感"；那些抑郁症患者们，他们感触到了这个社会没有出路的负罪感、实在的压迫感和绝望感，而我们这些"健康人"却在悬崖上翩翩起舞，对所有真正重要的问题视而不见，还以为这是正常的；那些把"今日不搏何时搏"贴在脑门上的成功人士，在患了心理障碍之后，才会卸除所有的面具，直面自我、流露真情；至于那些打着"人生得意须尽欢"的幌子放纵自己的瘾君子们，他们依赖的并非酒、性或者药品本身，而是一个不会让他们难堪，不会轻视、伤害他们，能让他们陶醉在迷狂中的世界……

可以说，生命是一场冒险的旅行，无论是专注于出人头地、拼命地积累物质财富、忙于消费和娱乐，还是忙于养生保健，我们都逃避不了死亡、无意义、孤独、自由和限制等基本的生命主题。如果我们想要"疗愈生命"，就必须深入人的"存在性"困境。而这恰恰是"禅学"的核心主题。

有鉴于此，作者以自己长期的临床实践为依托，在整理大量国内外文献和临床经验的基础上，撰写了《做自己的旁观者：用禅的智慧疗愈生命》。该书对生命旅程中的"存在性"困境及解决误区进行了系统的分析与论证，从存在主义哲学和心理学角度深入分析了心理障碍和躯体疾病背后的"存在性"原因；深入论述了禅学对生命"存在性"困境的认识、现代心理疗愈系统中的禅学智慧以及修禅疗愈生命的原理；从接纳、停顿、专注、旁观、爱等方面对修禅的基本要素及方法作了详尽的介绍，对运用禅学智慧疗愈心理障碍进行了系统总结，并附"运用禅学智慧疗愈生命"的典型案例。

对部分人来说，这是一本令人不舒服的书，因为它剥夺了人在面对"存在性"困境时，把权力、奋进、时尚、合群、疾病等当成借口的机会。尽管如此，作者仍然相信，会有越来越多的人愿意把这本书当成行路的指南。

本书内容雅俗共赏，不仅是写给正在遭受各种痛苦折磨并准备去"疗愈"的人看的（尤其适合患有各种心理障碍以及慢性躯体疾病的人）；还可供健康保健人员、临床医护人员、精神/心理卫生工作者阅读和使用；对于找不到"存在感"和"意义感"的普通人群、"高压力"人群，阅读本书具有醍醐灌顶的作用，能帮助他们早日认清生命的实相，让他们带着敬畏感过上真诚的生活。

此外，本书与《与自己和解：用禅的智慧治疗神经症》以及《唤醒自愈力：用禅的智慧疗愈身心》互为"禅疗三部曲"，内容互补而不重叠，有兴趣的读者可相互参考。

包祖晓

2016.10.1

目录

第一章 生命旅程中的"存在性"困境 / 1
生命旅程的实相 / 1
生命旅程中主要的"存在性"困境 / 3

第二章 解决生命"存在性"困境的误区 / 15
我们是"娱乐至死的生物"吗 / 15
解决"存在性"痛苦的错误方式 / 20

第三章 "存在性"痛苦与疾病 / 35
谁是健康/正常人呢 / 36
"存在性"痛苦与心理障碍 / 39
"存在性"痛苦与躯体疾病 / 53

第四章 禅学对生命"存在性"困境的认识 / 57
人生本苦 / 57
"存在性"困境是逃避不了的 / 59
"我"并不存在 / 62
"我"是一种"存在性"体验 / 64

第五章 现代心理疗愈系统中的禅学智慧 / 69
行为主义治疗中的禅学智慧 / 69

精神分析／分析心理学中的禅学智慧 / 71

存在主义治疗中的禅学智慧 / 79

其他疗愈系统中的禅学智慧 / 82

第六章　修禅疗愈生命的原理 / 87

第七章　禅修的基本要素及训练方法 / 93

接纳 / 93

停顿 / 98

专注 / 103

旁观 / 107

爱 / 124

小结：牧牛的过程 / 131

第八章　禅学智慧适合疗愈心理障碍 / 139

心理障碍的诊治现状具有局限性 / 139

禅学智慧在疗愈心理障碍中的意义 / 142

禅学智慧在疗愈心理障碍中的实务 / 144

第九章　运用禅学智慧疗愈生命的案例选析 / 157

人际交往困难的赵先生 / 157

容易紧张的朱女士 / 167

为睡眠困扰的叶女士 / 184

反复腹部不适的陈先生 / 199

情绪低落的唐女士 / 208

主要参考书目 / 223

第一章　生命旅程中的"存在性"困境

我在哪里？我是谁？

我怎么会在这儿？

这个叫"世界"的东西到底是什么？

我是怎么来到这个世界上的？

为什么没有人先问过我的意思？

如果我是被迫参加演出的，

导演在哪儿？我要见他。

——克尔凯郭尔

生命旅程的实相

我们的本质就像梦的本质一样，我们短促的一生不过是一场睡眠。

——莎士比亚

克尔凯郭尔提出："我们从来不曾拥有自由。"从存在主义哲学的角度看，这一观点无疑是正确的。因为，我们的"存在"带着一种被抛置感：我们不能选择什么时候来到这个世界上，不能选择出生的人种、国籍和家庭，不能选择长相和智商。当这些都不能选择的时候，某种程度上，我们也不能选择未来的生活与最终的命运。换句话说，我们是"被迫"来到这个世界上的。

存在主义心理学家科克J·施奈德经常向人们提出如下比喻：

如果我告诉你，你将要进行一次"伟大的冒险"，你将要为这次冒险而得到所有的装备——食物、帐篷、衣服，那你会怎么想呢？

如果我进一步告诉你，你将在这次旅行中体验到宇宙令人恐怖和惊异之处，一路上你将要遇到一大批各种各样的存在物（beings）——人类和非人类，每天你都会有机会对一种全新的生活方式感到惊异、受其触动和产生遐想，那你又会怎么想呢？

而最后，也是真正关键的：如果我告诉你，你要花费大约80年的时间来完成这次旅行，在大约80年之后，你要进行一次更令人着迷的和更不可思议的旅行，那你又会怎么想呢？

如果把这三个比喻代入我们自己的人生，难免使人产生毛骨悚然之感，但这是生命旅程中无法逃避的"存在性"困境。《西西弗斯神话》曾对这种人生困境进行了深刻的描写：

> 西西弗斯是科林斯的建立者和国王。他甚至一度绑架了死神，让世间没有了死亡。最后，西西弗斯触犯了众神，诸神为了惩罚西西弗斯，便要求他把一块巨石推上山顶，而由于那巨石太重了，每每未上山顶就又滚下山去，前功尽弃，于是他就不断重复、永无止境地做这件事——诸神认为再也没有比进行这种无效无望的劳动更为严厉的惩罚了。西西弗斯的生命就在这样一件无效又无望的劳作当中慢慢消耗殆尽。

克尔凯郭尔对人类的"存在性"困境也提出了相似的论述：

> 无论一代人可能从另一代人身上学到什么，从根本上说，没有哪一代人可以真正地从其先辈那里学到什么……因此，没有哪一代人从另一代人那里学会如何去爱，没有哪一代人是从其他点上开始而不是从头开始，没有哪一代人比他前一代的人所被分派的任务更少一些……在这一点上，每一代人都是从最初开始的，他们与所有先前的每一代人所拥有的任务都相同，他们的任务也不会更深入，除非先前的这一代人逃避了属于他们的任务并哄骗他们自己。

可以看出，从"存在"的角度看，人生不仅是一场终点明确——死亡的冒险旅行，而且是孤独的旅行，旅途中还要忍受各种责任的限制、人际关系的困扰、疾病的折磨、意义感缺失等痛苦，难以自由地、幸福地享受旅途风景。下面借电影《七宗罪》中"翠茜和沙摩赛关于怀孕的对白"来说明人们对生命旅程中这一实相的深深无奈：

沙摩赛：我不知道……你是否找对人谈。

翠茜：我恨这城市。

沙摩赛：我曾爱过一个人，我们形同夫妻，然后她怀孕了，那是好久以前的事，我记得那天早上去上班，那天跟平常完全没两样，是我首次获知怀孕的事，我突然感到恐惧，头一次那么怕，我记得当时心里想：怎能让小孩在此出世？在这种烂地方长大？我告诉她我不想要，我用了好几周时间逐渐劝服她。

翠茜：我想生小孩。

沙摩赛：我此刻能告诉你的是：我知道……我肯定当初没下错决定，但我毕生都在后悔，如果你不想留下孩子，如果你决定拿掉，千万别告诉他你有孕，但若你选择生下来，你就要尽力去爱护那小孩，我只能给你这忠告。

生命旅程中主要的"存在性"困境

> 人仅仅是一棵芦苇，是自然界中最虚弱无力的芦苇，但是他却又是一棵会思考的芦苇。
>
> ——布莱兹·帕斯卡尔

在哲学和心理学领域，生命旅程中主要的"存在性"困境涉及认识自己、死亡、自由与限制、孤独和无意义等。从某种程度上可以说，整个人类历史，不管文化、地域和人种方面有多大差异，均围绕上述"存在性"困境展开。

一、认识自己

认识自己，又称"自我意识"，是人区别于动物的关键所在。在中国古代，老子说过，"知人者智，自知者明"。佛禅学中也把"我是谁"的问题当作核心的生命问题进行研究、参悟。庄子说，从前自己做梦，梦到自己是一只翩翩飞舞的大蝴蝶，但究竟是自己做梦化为蝴蝶了呢？还是蝴蝶做梦化为自己了呢？这是不清楚的。冯之浚先生认为，认识自我的困难在于"我"之复杂，每个人身上都有四个"我"：一是公开的我，自己知道，别人也知道的部分；二是隐私的我，自己知道，别人不知道的部分；三是背后的我，自己不知道，别人知道的部分；四是潜在的我，自己不知道，别人也不知道的部分。

在国外，古希腊有一句名言就是："认识你自己。"西方神话中著名的斯芬克斯之谜也提示了"认识自己"之困难：

狮身人面兽斯芬克斯每天都在问过往的行人一个问题："有一种动物，它在早晨的时候四条腿，在中午的时候两条腿，在晚上的时候三条腿，这个动物是什么呢？"过往的人答不上来，就被狮身人面兽吃掉了。年轻的俄狄浦斯在路过的时候，说出了最终答案："这个动物就是人。"斯芬克斯大叫了一声，跑到悬崖边跳了下去。

俄狄浦斯尽管回答出了问题，但由于没认清"我是谁？"，导致误杀了生身父亲，娶了亲生母亲为妻，最后只有把自己的眼睛弄瞎来惩罚自己。难怪德国著名诗人歌德提出："人是一个糊涂的生物；他不知从何处来，往何处去；他对这个世界，而首先是对自己，所知甚少。"苏格拉底也写道：

智慧是唯一的善，
无知是唯一的恶，
其他东西都无关紧要，难道这就是最终结果吗？
认识你自己。

电影《美梦成真（飞越来生缘）》更是尖锐地提出了"认识自己"的重要

性:"当一个人既不自知,也不接受自己所做的事,于是要永远承担后果。所以,地狱中人并不只是我们平日所想的十恶不赦,罪不可恕的大恶人,还有很多浑浑噩噩、不愿接受因果的糊涂人。"

二、死亡

死亡是最显而易见、最容易理解的"存在性"困境。尽管我们现在存在,也不管我们身体多么健康,总有一天,这种存在会终止。死亡将如期而至,绝无逃脱的可能。这是一个恐怖的实相,引起了人们巨大的恐惧。斯宾诺莎提出:"每一事物都在尽力维持自身的存在。"这种对死亡必然性的意识与继续生存下去的愿望之间的张力构成了存在的一个核心冲突。

古今中外的哲学家、心理学家、医学家、文学家、艺术家们从来没有停止过对死亡的探讨。例如,莎士比亚在《哈姆雷特》中就深入地论述了生死问题:

生存或毁灭,这是个必答之问题:
是默默地忍受坎坷命运之无情打击,
还是与深如大海之无涯苦难奋然为敌,并将其克服。
此二抉择,究竟是哪个较崇高?

死即睡眠,它不过如此!
倘若一眠能了结心灵之苦楚与肉体之百患,
那么,此结局是可盼的!

死去,睡去……
但在睡眠中可能有梦,啊,这就是个阻碍:
当我们摆脱了此垂死之皮囊,
在死之长眠中会有何梦来临?
它令我们踌躇,
使我们心甘情愿地承受长年之灾,
否则谁肯容忍人间之百般折磨,

如暴君之政、骄者之傲、失恋之痛、法章之慢、贪官之侮或庸民之辱，
假如他能简单地一刀了之？
还有谁会肯去做牛做马，终生疲于操劳，
默默地忍受其苦其难，而不远走高飞，飘于渺茫之境，
倘若他不是因恐惧身后之事而使他犹豫不前？
此境乃无人知晓之邦，自古无返者。

莎士比亚继续写道：

谁愿意负着这样的重担，在烦劳的生命的压迫下呻吟流汗，倘不是因为惧怕不可知的死后，惧怕那从来不曾有一个旅人回来过的神秘之国，是它迷惑了我们的意志，使我们宁愿忍受目前的折磨，不敢向我们所不知道的痛苦飞去？这样，重重的顾虑使我们全变成了懦夫，决心的赤热的光彩，被审慎的思维盖上了一层灰色，伟大的事业在这一种考虑之下，也会逆流而退，失去了行动的意义。

电影《美梦成真（飞越来生缘）》中的男主人公 Chris，在面对自己心爱的小狗死亡的时候，心中萌生了恐惧、不舍的情绪。在自己的完全意识中面对自己的死亡时，Chris 更是坦白地承认了自己面对死亡时的恐惧，恐惧自己的消失（disappear）。

存在主义心理治疗家欧文 D·亚隆在他的《直视骄阳》中记载了一位死亡恐惧病人的诗，表达了我们人类对死亡的深深恐惧和无奈：

死亡，四处弥散
它攫取着、推搡着、啃噬着我
无处可逃
我只能
痛苦地尖叫
疯狂地哀嚎

死亡，在每一天里若隐若现
我试着留下走过的足迹
兴许这会有点用
我竭尽全力做到
全然活在每个当下

但死亡潜伏在黑暗之中
我所追寻的
这令人舒适的保护伞
如同包裹孩子的毛毯
在寂静的寒夜里
当恐惧来袭
它们就这样完全被浸透

那时
将不再有我的存在
不再有一个我
能自然呼吸
能改过自新
能感受甜蜜的悲伤
而这难以忍受的丧失
竟无声无息地逼近

死亡本来什么也不是
死亡却成了一切

三、自由与限制

萨特曾说过，人类是注定要受自由之苦的。亨利克·易卜生提出，自由是

"我们最美好的财富"。科梅佳强调说，失去我们的自由的代价要比人们所觉察到的大得多。他声称，因为自由是"一种进步的需要和一种生存的需要"。如果我们失去了我们的内在自由，我们就随之失去我们的自我方向和自主性，而这些正是把人类与机器人和电脑区分开来的特质。罗洛·梅甚至把自由作为心理治疗的目的：

> 心理治疗的目的是使人获得自由，尽可能地使人免除症状，无论是像溃疡这样的生理症状还是像严重羞怯这种心理症状；要尽可能地使人免除成为工作狂的强迫行为，免除他们从儿童早期就习得的习惯性无助行为，或没完没了地选择异性伴侣，而这些异性伴侣会引起持续的不快和持续的惩罚。

电影《逍遥骑士》中的两个主人公为了逃避麻木的生活，逃避看似自由实则处处受阻的现实，逃避虚伪的"卫道士们"敌意的侧目，寻找梦想的自由。他们天真快乐地上路，伴随着轻快的西部音乐，仿佛生命如风般美好而清新，却被二流的汽车旅馆拒之门外，露宿荒野，在夕阳无限美景之余，一再地看到人类凄惨破败的景象；他们虔诚地祈祷，以为信念真的可以将沙土变成谷粮，生活真的可以无拘无束地快乐，男女之间真的可以有心无芥蒂的单纯快乐；他们在游行狂欢的队伍后面随性地张扬，却被无理地抓进了牢狱；他们以大麻、酒精和迷幻药来释放对现实的不解，拯救对生活的希望。然而，主人公 Waytt 反复地对伙伴 Billy 说："我们把一切都搞砸了。"最后，这些无害而善良的人们被生活中那些所谓"正直"的"君子们"以道德的名义杀害。

电影《楚门的世界》也描写了追求自由的不容易。楚门想去斐济时，所感到的是来自工作、母亲、妻子、朋友以及从小就被强加的思想（水的恐惧、飞机的不安全）等方面各种各样的压力。于是，他想追寻梦想的自由一次次被扼杀。最后，在自己的坚持下，他达到了"自由"的状态，下面是"楚门与创造者的对白"：

楚门：你是谁？

创造者：我是创造者，创造了一个受万众欢迎的电视节目。

楚门：那么，我是谁？

创造者：你就是那个节目的明星。

楚门：什么都是假的？

创造者：你是真的，所以才有那么多人看你……听我的忠告，外面的世界跟我给你的世界是一样地虚假，一样地充满谎言和欺诈。但在我的世界你什么也不用怕，我比你更清楚你自己。

楚门：你无法在我的脑子里装摄影机。

创造者：你害怕，所以你不能走，楚门不要紧，我明白。我看了你的一生，你出生时我在看你；你学走路时，我在看你；你入学时，我在看你；还有你掉第一颗牙齿那一幕。你不能离开，楚门你属于这里，跟我一起吧。……回答我，说句话……说话！你上了电视，正在向全世界转播。

楚门：假如再也碰不到你……祝你早安、午安、晚安……

欧文 D·亚隆对"存在"意义上的"自由与限制"困境的论述更为精辟：

有史以来，人类不是一直在渴望自由并为之奋斗吗？然而从终极层面来看，自由是与忧惧偶联在一起的。在存在的意义上，"自由"意味着外部结构的空白。与日常经验相反的是，人类并不是进入（和离开）一个拥有内在设计、高度结构化的宇宙。实际上，个体对他自己的世界、生活设计、选择以及行为负有全部责任——也就是说，个体是自己世界的创造者。"自由"在这种含义上，带有一种可怕的暗示：它意味着在我们所站立的地方并不坚实——什么都没有，是空的，无底深渊。

四、孤独

人是群居的动物，天生害怕孤独。萨特提出："孤独是人类处境的基本特征，个体需要创造生活中的意义，而又觉察自己孤身置于宇宙，觉察到那种空虚，孤独感就会在这种冲突之中。"可见，孤独感是个体内心生活的一种本质。

这种孤独不同于伴随着寂寞的人际性孤独，而是一种根本性孤独。因为，我们每个人都是独自一人来到世界，同时也必然独自一人离开。无论我们之间的关系变得多么亲密，仍然会存在一条无法逾越的鸿沟。这样就会出现：一方面是我们对自身绝对孤独的意识，另一方面是对接触、被保护以及成为更大整体一部分的渴望。这两方面的张力就构成了存在性冲突。正如红楼梦中的《好了歌》所示：

> 世人都晓神仙好，唯有功名忘不了！古今将相在何方，荒冢一堆草没了。
> 世人都晓神仙好，只有金银忘不了！终朝只恨聚无多，及到多时眼闭了。
> 世上都晓神仙好，只有娇妻忘不了！君生日日说恩情，君死又随人去了。
> 世人都晓神仙好，只有儿孙忘不了！痴心父母古来多，孝顺子孙谁见了？

从生物进化角度看，低分子物质、高分子物质向单细胞生物的进化，成就的就是一种伟大的孤独。细胞膜的出现，为个体与外界的隔离创造了条件。也就是说，孤独根植于人类的集体潜意识，从进化的初始就已成定局。F·卡夫卡在《城堡》中对此进行了精彩的描绘：

> 我知道，与偌大的宇宙相比，我们太微不足道了，我知道我们什么也不是；在如此浩大的宇宙中似乎没有任何东西在某种程度上既能淹没人又能使人重新获得信心。那些计算，那些人无法理解的力量，是完全不可抗拒的。那么，究竟有没有我们可依赖的东西？我们虽然已陷入幻想的泥潭中，但其中尚有一样真东西那便是爱。此外什么都没有，完全是空。我们跌入了一个巨大的黑暗迷宫，我们怕极了。

莎士比亚在《李尔王》中深入地刻画了存在性孤独问题。在这部戏的开篇，李尔王需要把女儿柯蒂利亚嫁给某位来自大陆的王子（显然是勃艮第公爵），因为她已经到了谈婚论嫁的年龄。他已经把两个女儿嫁了出去，而柯蒂利亚是他最后一个也是最珍爱的女儿，是他的欢乐所在。他不想把她嫁出去。对他来说，失去柯蒂利亚就意味着失去一切，这是他活着的理由。为了破坏这门婚事，他谋划了一个计策，即爱的测试。结果，他自食其果，国土全分给了大女儿和二女儿，柯蒂利亚没分到一寸土地而远嫁他乡，而另两个女儿原形毕露，迫害自己，这是何等孤独啊！

电影《关于施密特》也刻画了一种深层次的孤独和挣扎：

> 66岁的华伦·施密特退休后无所事事，只能靠看电视打发时间。他来到曾经就职的公司，希望找到一些过去的影子，却碰了一鼻子灰。
>
> 妻子海伦与他在吵吵闹闹中共同生活了42年，人到老年，施密特对她越来越厌烦，经常半夜醒来问自己睡在旁边的人是谁。不久，妻子撒手病逝。当施密特感到孤独，开始怀念海伦时，他突然发现妻子竟与自己的好友有染，而且一直保留着好友的情书。
>
> 女儿珍妮是施密特的最爱，也一直是他的精神安慰。眼看她的婚礼越来越近，施密特驱车赶往丹佛，准备为女儿的婚礼筹备做些什么。途中打电话给珍妮，却遭到拒绝。他不得不开着车四处游荡，靠寻找曾经生活和学习过的地方消磨日子。婚礼临近，施密特住在亲家母家里，但他看不上亲家一家人，更看不上珍妮的未婚夫兰德尔。于是，施密特希望珍妮能取消这场婚礼，但遭到女儿的强烈反对，两人险些反目为仇。最后，施密特不得不言不由衷地在珍妮的婚礼上讲话，并出资让小两口外出度蜜月。
>
> 施密特决定改变生活，他开着自己的房车长途跋涉。然而，外在的美景无法平抑他内心的痛苦，无法满足他内心的需求，他依然孤独、怨怼。
>
> 施密特在电视上看到一档名为"救救孩子"的公益节目，并每个月捐出22美元资助一个名叫恩杜戈的坦桑尼亚6岁男孩。于是，给恩杜戈写信成了他唯一与外界沟通的方式。他不停地、不求回信地给恩杜戈写信，讲述他的生活以及没有人想听的感受。
>
> 最后，回到家中的施密特收到了恩杜戈的来信，这个只有6岁的男孩不会写字，他托修女为自己代笔，但恩杜戈却给施密特寄来了一幅自己的画，画着两个手牵手的人，一个大，一个小。面对这幅画，施密特流下了两行浊泪。

五、无意义

因为我们孤独地来到世界，我们必须构建自己的世界，我们最终将孤独地离开世界。因此，从存在角度说，生命是无意义的。正如电影《七宗罪》中所说："人是可笑的傀儡，在破舞台上起舞，以跳舞、做爱为乐，完全不关心世界，不了解自己毫无价值，人并非为此而生。"莎士比亚在《麦克白》中也提出："人生不过是一个行走的影子，一个在舞台上指手画脚的笨拙的可怜人，登场片刻，便在无声无息中悄然退去，这是一个愚人所讲的故事，充满了喧哗和骚动，却一无所指。"

那么，我们为什么要活着？我们又应该如何活着呢？如果并不存在为我们预先设计的生命蓝图，我们每个人就必须自己去构建自己生命的意义。正如莎士比亚在《哈姆雷特》中提出："一个人要是把生活的幸福和目的，只看作吃吃睡睡，他还算是个什么东西？简直不过是一头畜生！上帝造出我们来，使我们能够这样高谈阔论，瞻前顾后，当然要我们利用他所赋予我们的这一种能力和灵明的理智，不让它们白白废掉。"电影《搏击俱乐部》描述了主人公为了逃避无意义、空虚的痛苦而做的种种努力。下文电影中泰勒演讲的内容，精准地描述了人类"寻找意义与宇宙本身无意义"的存在性冲突现状：

> 来这里的人都是聪明的人
> 只是你们的潜力都被浪费了
> 只做替人加油，或是上菜、打领带的工作
> 广告诱惑我们买车子、买衣服
> 于是我们拼命工作买我们不需要的狗屎
> 我们是被历史遗忘的一代
> 没有目的，没有地位
> 没有大战争，没有经济大恐慌
> 每次大战都是心灵之战
> 我们的恐慌只是我们的生活
> 我们从小看电视

希望有一天会成为
富翁、明星、摇滚巨星
但是，我们不会
那是我们渐渐面对的现实
所以我们非常愤怒
在一个平庸的时代里
没有动荡与变革来证明自己的出众才智
缺乏精神领袖而丧失灵魂皈依的源动力
我们都在麻木地饰演自己的社会角色
忠诚地履行自己的社会责任
事实上大多数人都无法理解自己所为之奋斗的目标究竟是什么
上学、工作、恋爱、结婚、生子、生老病死
一切都是按部就班

第二章　解决生命"存在性"困境的误区

愚人知愚，彼即是智人。愚人谓智，实称愚夫……恶业未成熟，愚人思如蜜；恶业成熟时，愚人必受苦。

——《法句经》

为了解决自己的存在感/身份焦虑问题，为了摆脱死亡、孤独、无意义以及自由和限制等"存在性"困境，人们是"八仙过海，各显神通"。有些人专注于出人头地，有些人拼命地积累物质财富，有些人忙于消费和娱乐，还有人忙于养生保健。可是，他们不仅逃避不了基本的生命主题，还成了"娱乐至死的生物"。下文将对解决生命"存在性"困境的误区进行探讨。

我们是"娱乐至死的生物"吗

人必须去除迎合大众的低级趣味。

——尼采

有一种方式可以让个体面对他自己的无能，即把无能变成表面上的美德。这是个人有意剥夺自己权力的行为；不拥有权力于是成了美德。

——罗洛·梅

尼尔·波兹曼在《娱乐至死》中提出："一切公众话语都日渐以娱乐的方式出现，并成为一种文化精神，我们的政治、宗教、新闻、体育和商业都心甘情愿地成为娱乐的附庸，毫无怨言，无声无息，其结果是我们成了一个娱乐至死的物种。"

只要我们留意世界各个角落，就不时会听到如下声音：

（1）你咋没有一点"正能量"呢（心态好就行/你心理咋那么阴暗呢）？

（2）你还不学车、买车啊（还不用微信/微博啊……），"out"了！

（3）只要快乐/幸福就好！

（4）没有什么也不能没有健康（只要健康/睡好就好）！

（5）改变不了就去适应/接受吧（存在的就是合理的）！

（6）别想就好（叫你别想你还去想）！想开点就好！

（7）为了更好的明天（明天会更好）！

（8）你都那么大了，怎么还那么不听话呢？

（9）最近忙死了，天天加班呢（许多人以忙为骄傲）！

（10）你咋那么不合群呢？

（11）一不怕苦，二不怕死！

（12）要发扬、学习XX精神？

（13）有志者事竟成！

（14）为XX服务！

（15）别把情绪带到工作中来！

（16）是自己人，没关系的！

（17）要坚持自我！

（18）转移一下注意力就好！

（19）我以前是快乐的/开朗的！

（20）他/她以前一直很优秀的！

（21）人生短暂，现在不好好享受，万一哪天突然死掉，就不划算了。

（22）毫不利己，专门利人。

……

这些语录/行为是合理、正确的吗？细究起来，这些话就包含有"娱乐至死"的成分，与存在主义哲学和心理学的观点相悖。正如保罗·蒂利希所说：

第二章　解决生命"存在性"困境的误区

从本质上看，行动因存在而起：猫根据"猫的存在"而做出行动，它们不会做出反对猫的本质的行动。但是，人能够做出反对他自身本质的行动，因此在我们的语言中有"非人"这个范畴。

2005年美国《时代》杂志的一次民意调查报告上说，78%的美国人感到幸福，因此在杂志封面上写道："幸福的科学：为什么乐观主义者更长寿……"诸如此类的调查结果遍布世界各地，甚至许多医护人员、心理健康工作者也乐此不疲，专门给病人/来访者、百姓讲如何去追求快乐/幸福/健康。

如今，我们不妨更深入地看一下这些结果：根据这些调查结果，许多感到幸福的人是对生活感到比较满意的人；但另一项研究表明，他们又是那些倾向于自我膨胀的、有形象意识和宗教信仰的人，还有就是在理智上和情感上都不会有刻意追求的人。这项研究还表明，那些患有轻微或较轻微抑郁症的人，尤其是那些曾经患抑郁症但后来康复的人，往往倾向于对生活抱着更现实的态度、对智力和文化的多样性怀着更多的宽容之心；相对于那些幸福的人来说，他们表现出更卓越的心灵成长能力。

因此，如果一个人以我们时代的"幸福和快乐"、"对生活感觉'良好'和在生活中有所收获"为目标；如果一个人以为把自己沉浸在与世隔绝的、有大容量MP4播放器、手机或电脑等高科技之中；如果一个人整天埋头于日常事务、暴饮暴食和消费大量的酒精/咖啡等；如果一个人要求马上控制焦虑/抑郁/失眠或寻求马上摆脱苦恼的方法；如果一个人把自己限定在一套僵化的道德价值观或组织严密的有"崇高目标"的共同体中；如果一个人把自己的生活转变成以养生电视节目或购物为中心；如果一个人把自己变成可以随意控制别人或老练的社会操纵者……那么，这些所谓幸福的人只是一群"娱乐至死的生物"，与许多不那么幸福的人相比，他们表现得更心胸狭隘、更企求享乐和更骄傲自大。换句话说就是，这些幸福和快乐是前人类的、动物式的幸福和快乐，与之相伴的，是"存在性"意义的丧失，是质疑能力以及建设性的不满意感的丧失。正如尼采所说：

世界变小了，那个把一切都变小的最后的人在上面蹦蹦跳跳……人们很聪明，知晓已经发生的一切——于是就无休无止地嘲弄……白天有白天的乐子，夜晚有夜晚的乐子——但人还是要注意身体健康。"我们创造了幸福。"最后的那些人眨着眼睛这样说道。

如此这般，即使他们短期内感受不到死亡、孤独、无意义、"我是谁"等"存在性"痛苦，也早已不是"存在主义"意义上的"人"了。正如莎士比亚在《哈姆雷特》中尖锐地提出："人类的工作是多么的伟大！人类的理性是多么的高尚！人类的才能是多么的无限！他们的形态和行为是多么的特殊和绝妙……他们是动物的楷模！"罗洛·梅在自己编写的寓言故事中把处于这种状态的人称为"被关在笼子之中的人"：

一天傍晚，有一位国王正站在他的宫殿的窗前，陷入了幻想之中，碰巧他注意到了下面广场中的一个男人。他显然是一个普通人，他正走向那个拐角处想乘电车回家。多年以来，他每个星期有5天都要走同一条线路。国王在想象中追随着这个男人——描画着，他回到了家，敷衍地吻了吻妻子，吃过晚饭，询问孩子们是否一切都好，读读报纸，上床，或许与妻子做爱，或许不做，然后睡觉，第二天早上又起来去上班。

突然，一种好奇心占据了国王的思想，这使他有一会儿忘记了自己的疲乏："我想知道，如果将一个人像动物园里的动物一样关在一个笼子里，会发生什么样的事情呢？"

因此，国王第二天叫来了一位心理学家，告诉了他自己的想法，并邀请他来观察这个实验。然后，国王让人从动物园搬来了一个笼子，而那个普通人被带来关到了这里。

开始时，那个人仅仅表现出了困惑，他不停地对站在笼子外面的心理学家说："我必须要去赶电车，必须要去工作，看看什么时间了，我上班要迟到了！"但到了下午时，那个人开始清醒地意识到了所发生的事情，然后他强烈地抗议："国王不能对我这么做，这是违法的，是不公平的。"他的声音强而有力，他的眼睛里充满了愤怒。

在那个星期接下来的时间里，那个人继续着他的强烈抗议。当国王散步经过笼子时（就像他每天所做的），这个人会直接向这位最高统治者表示抗议。但是这位国王每次都会和他说："看看这里，你能得到大量的食物，你有一张这么好的床，而且你还不需要出去工作，我把你照顾得这么好——所以，你为什么还要抗议呢？"接着几天之后，这个人的抗议减轻了，接着过了几天这个人就停止抗议了。他静静地待在笼子里，通常情况下拒绝谈话，但是心理学家能够在他的眼睛里看见仇恨像烈火一样在燃烧。

但是几个星期以后，心理学家注意到，在国王每天提醒他说他被照顾得很好以后，他似乎会越来越多地停顿——仇恨会推迟一点时间再重现在他的眼睛中——就好像是他在问自己，国王所说的话是否有可能是事实。

又过了几个星期，这个人开始与心理学家讨论，说一个人被提供食物和安身之所是一件多么有用的事情，说无论如何人都必须按照自己的命运生活，并且说接受自己的命运是明智之举。所以，当有一天，一群教授和研究生来观察这个被关在笼子里的人时，他对他们非常友好，还向他们解释说，他已经选择了这种生活方式，说安全感和被照顾是非常重要的，还说他们一定可以看出来他的选择是多么合情合理，等等。多么奇怪！心理学家想，而且多么可怜——他为什么那么努力地想要别人赞同他的生活方式呢？

在接下来的几天，当国王走过庭院时，这个人便会在笼子中隔着栏杆极力奉承讨好国王，并感谢他为自己提供了食物和安身之所。但是当国王不在院子中，而他又没有意识到心理学家在边上的时候，他的表情便迥然不同——闷闷不乐、愁眉不展。当看守人隔着栅栏递给他食物时，他经常会打翻盘子或弄翻水，然后他又为自己的愚蠢和笨拙感到尴尬不安。他的谈话开始变得越来越单一不变：他不再谈论他关于被照顾之重要性中所涉及的哲学理论，相反，他开始只说一些简单的句子，像是一遍又一遍反复地说"这是命运"这句话。

很难说这个最后阶段是何时开始的。但是，心理学家开始觉察到，这个人的脸上似乎已经没有了特别的表情：他的微笑不再是奉承讨好的，而仅仅是空洞的、毫无意义的、就像是婴儿在肚子被笑气麻醉时所作的鬼脸。这个人依旧吃着食物，不时地与心理学家谈几句，他的目光是遥远而模糊的，而且尽管他看着心理学家，但似乎他从来没有真正地看到他。

现在，这个人在毫无条理的谈话中，再也不用"我"这个词了。他已经接受了这个笼子。他不再有愤怒，不再有仇恨，也不再有合理化。但是现在他已经精神错乱了。

我们是否或多或少与"被关在笼子之中的人"相似呢？

解决"存在性"痛苦的错误方式

人们经常试图过颠倒的生活。他们努力拥有很多财物或金钱，为的是做更多他们想要做的事，以为会因此幸福。实际生活恰恰相反。首先要成为真实的自己，然后做自己需要做的事，才能拥有你想要的。

——玛格丽特·杨

当今社会强调物质追求，不惜以种种牺牲为代价——环境、人与人之间的真诚关系，甚至个人的健康，为的是解决"存在性"痛苦。结果，我们成为了"只会做事、缺乏灵魂"的人。正如香港一位高中生在反思社会成就时所写：

我们时代的历史悖论是，我们有高楼大厦，却心量狭小；有宽阔的高速公路，却视野狭隘。我们花费多，却拥有少。我们买得多，却享受少。

我们房子大，家却很小；生活便利，时间却很少；学位多，感觉却少；知识多，判断却少；专家多，但问题更多；医药多，康宁却少。

我们成倍地增长财富，却削减了人的价值。我们说得太多，爱得太少，恨得经常。我们已经学会谋生，但不会生活。我们已经让生命延长，但不能让每一刻的生命活着。

我们有奔月的通途，却难以穿过街巷与新邻居会面。我们征服了外在空间，却驾驭不了内心空间。我们清扫街道，却污染灵魂。我们让原子裂变，却不能剥离我们的偏见。我们收入较高，却士气低落。

很多时候，身材高大，却性格矮小。利润陡升，却关系缩水。很多时候，娱乐多而乐趣少，食物多而营养少。

拥有两份收入，却以离婚告终。在梦幻般的住宅里，过着破碎家庭的日子。橱窗里的展品应有尽有，内心的储藏间却空空如也。

或者，这是我们反思的时刻——对于我们来说，什么才是真正重要的。

下面试就解决"存在性"痛苦的错误方式做一剖析。

一、自我辩解

这类人对"存在性"痛苦有所认识，但用各种方法掩盖自己的错误行为，回避事实。例如，我们临床常见下列自我辩解情况：

一位患死亡恐惧/健康焦虑的患者往往不会主动告诉医生自己害怕死亡，害怕自我感的丧失，而是会说："家人没有我是无法生存的。"

一位酗酒者明知再这样下去身体可能垮掉，甚至妻离子散，但为逃避内心的孤独感和焦虑感，会告诉自己："为了身体，为了家庭，今天少喝点。"另一位酗酒者在听了医生说"你要是再这么喝下去，迟早都会翘辫子的"之后，非常淡定地在医生面前说："医生，人哪有那么容易就喝死呢，我知道您是出于好意，但我根本就没酗什么酒啊。"

当你告诉一位失眠症患者要控制在床上的时间，白天不要卧床，出去找点事做，他会告诉你：只要我晚上睡得好，我就出去做事。

……

二、有意忽略/否认

有意忽略/否认跟自我辩解有些类似，通过把那些让我们感到困扰的信息和事实有意不去理会、否认或彻底"忘掉"，就当它根本没有发生，以躲避心理上的痛苦。

例如，托尔斯泰对伊凡·伊里奇的描述即是如此：

他内心深处知道自己要死了，然而，他不但不习惯于接受这种想法，而且干脆不理解，也无法理解。

他从基泽韦捷尔的《逻辑学》那里学到的三段论告诉他："盖尤斯是一个人，人总是要死的，所以盖尤斯也是要死的。"在他看来，这个推理放在盖尤斯身上一直都是正确的，但绝不能适用在他自己身上。盖尤斯，一个抽象的人，总是要死的，这句话完全正确，但他不是盖尤斯，不是一个抽象的人，而是一个活生生的人，一个与其他所有人都完全不同的人。他曾经是小伊凡，有妈妈和爸爸……盖尤斯哪里知道小伊凡曾经如此喜爱过的带条纹皮球是什么味道？盖尤斯曾那样吻过他妈妈的手吗？盖尤斯曾像他那样热恋过吗？盖尤斯能像他那样主持审讯吗？盖尤斯确实是终有一死的，他的死也是正常的，但我是小伊凡，是伊凡·伊里奇，我有我的思想感情，跟他截然不同。我不该死，要不那真是太可怕了。

这种有意忽略/否认在肿瘤病人以及处理肿瘤的医护人员身上体现得比较充分。例如，有学者声称，在不治之症面前，有意忽略/否认可以是正当的，这使人可以用积极的态度继续活下去。但是，有意忽略/否认所带来的好处是非常短暂的。

尽管我们需要时间去接受创伤性的事实，但没有任何事比接受自己的死亡更困难。然而，有意忽略/否认只是遭受这类事件必然经历的心理阶段，医护人员及家属需要支持病人度过这个阶段。因为，心理暗示的力量有限，人们不仅需要完成外在的事情，更应该在可能的情况下同深层内在的自己道别。如果一个人有意忽略/否认事实，这种内在的过程就无法完成。现代研究已证实，通过合理的方式告知病人实情比有意忽略/否认更有利于病人。杰瑞姆·古柏曼在《生命的尺度：对人类患病心理和精神归属的探索》和《希望治愈疾病》中记载了许多这方面的案例。

三、压抑/封闭

压抑/封闭是一种意识的心理过程，旨在把某种情欲和观念从意识领域赶出去。Martin指出，这种心理过程的一种表现是阻止有关信息进入注意力的中心。这些信息可以放在意识的边缘，因为在那里它们可以不被注意。但是，不让这些边缘信息进入注意力的中心是要付出代价的。例如：

请观察一位参加聚会的人。他快乐洒脱，说话幽默，放声大笑，与别人友好交谈，总之，他给人一种很幸福很满足的形象。聚会结束，起来离开时，他仍面带微笑，并说今晚聚会的感觉太美妙了。可是，在门关上的一刹那，也就是我们仔细观察他的那一刻，他的面部表情突然发生了变化：他的微笑不见了，代之是一种深深的忧郁的表情。

当然，这是意料中的事，因为他现在孤独一人，身边没什么事和人可供他说笑。但是，进一步分析后可能会发现，尽管该参加聚会的人平时也活泼开朗，忧郁的表情也只持续数秒，但在他内心深处却埋藏着深深的孤独感和无价值感。为了不让自己痛苦，他就把它们压抑/封闭在意识边缘，不让自己意识到孤独感和无价值感的存在。

下面来就诊的一位来访者的情况就是如此：

该来访者系42岁的男性，因失眠1个月就诊。1个月前因与单位领导闹别扭开始出现失眠、不高兴。原因是比自己资历浅、能力差的同事升职了，而自己平时勤劳、人际关系好却得不到升职。该来访者说自己进这家公司之前在部队当过班长，能吃苦耐劳，平时性格开朗，朋友较多，喜欢聚会、运动，在家里用不着做家。经过数次心理治疗之后发现，这位来访者本次失眠的真正原因是：同事的升职触动了其一直处于封闭状态的无意义感。

四、分心

这里所说的分心是指一个人回避他不想面对的事情，是一种避免真诚地面对自己的方式。例如，当一个人开始思索他在职业生涯中的失败时，他会避开那些主要问题，而是去考虑一些无意义的内容：或许是一些无意义的统计数字，或者是在工作中建立的人脉，或者是计划中的一次休假等。与人交流的时候他往往转换话题。初次见面或不那么熟悉的人会认为他是个健谈的人，而部分原因是由于他已经成为了转移话题的专家，因为有些内容他并不想谈论。下面这个案例中的来访者就是如此：

> 该来访者系41岁的男性，医生，从小母亲溺爱而父亲严厉。自述不管自己取得多好的成绩，父亲都不会肯定他。在医院工作不顺利，自2001年进医院工作以来共待过5个科室，在之前4个科室待的时间最长的都没超过1年，在每个科室都发生过与科室主任之间的不愉快事件。在目前这个科室已待了10年，以上夜班为主，如果是安排上白班，也会跟同事换到夜班，理由是"自己平常事多"。爱好股票，说自己能算出规律，基本上都是赚的；爱好计算机，对网速的要求比较高，智能手机两个，一个用于工作，另一个用于生活；爱好电影，平时喜欢看喜剧片；还爱好养鱼……
>
> 1年前刚晋升为副主任医师职称（同期入院的人基本上在5年前全部升完），8个月前岗位聘任时，因为得票很低，被聘成了3级岗位，而同科室的一个主治医师却被聘成了2级岗位。此后因情绪激动、失眠而不断请病假。在家休息期间，每天炒股、养鱼、看喜剧电影、睡觉，天气寒冷时还到河里或小溪里抓鱼，年迈的母亲没法放心而在后面跟着。
>
> 朋友打电话说到他家玩，他跟朋友必须先约定好：到时不能谈医院里的事，只能谈电脑、股票、养鱼等内容，否则谢绝朋友造访。他最近开始尝试戒烟（以前戒过数次都没成功，同事给其准备好了戒烟药，但他每天仍保持1到2支的烟量，直至放弃戒烟），每天把大量的时间泡在戒烟的QQ群中，为自己最有毅力而自豪。半个月后，又沉迷于练习毛笔字……

该来访者所使用的减除痛苦的方法就是分心，用消极的自由来代替真正的自由/积极的自由，以免自己意识到内心的无能感以及濒临崩溃的自我感。

五、情感隔离

情感隔离是指当一个人意识到负性情绪时，马上用智力去封闭或分心。这种策略往往伴随于有意忽略/否认、压抑/封闭、分心等策略，并不是完全不同的层次。这种策略以情感冷漠或情感超然为特征，它是一种逃离真实自我的方式。上述这位医生来访者就采用了情感隔离的策略：

> 在心理咨询的开始几次，每当医生问他"情绪如何"，他都说"很好啊"或者"没事"；让他看完电影《碧海蓝天》和《时时刻刻》进行讨论时，他说没什么感觉；让他做内观呼吸治疗和躯体扫描时，他多次以做不到来推托，当多次当面对质时，他承认是因为"害怕"。经过多次治疗之后，他告诉医生，有一次在做正念禅修练习时，头脑中跳出："我患有糖尿病和高血压，不久可能会死的"，"我对不起的人太多了"，"我一直在假装强大"……同时感受到了悲伤情绪，流出了眼泪。自此以后，他的治疗变得相对顺利。

这种情感隔离策略与我们的文化有关，因为在世界的大部分地区，都对理智强调有加，而视情绪为洪水猛兽。但是，人之所以为人，与人类情感存在着莫大关系。正如电影《撕裂的末日》所描述：

> 在一场全球性的核战之后，人们辛苦重建家园后，发现人类的感情是一切争端的起因，人的感情是最危险的东西。于是生产了抑止感情的药水，规定人们每天都要注射这种药水，同时销毁一切艺术品，以让人们彻底失去产生感情的机会。对于那些不愿消除感情，偷偷收藏艺术品的"感情罪犯"，政府则派一些身怀绝技的"教士"去将他们剿灭。教士们具有高超的战斗能力，同时具有发现哪里藏有艺术品以及谁有感情的直觉，而感情罪犯们都被投入一个火炉中活活烧死。
>
> 在一次行动中，约翰遇到了敢于向他挑战的玛丽·奥布赖恩。她使得约翰开始断绝药物，试图体会有感情的生活究竟是一种什么样的滋味。他被那些第一次出现在他生命里的奇妙动人景象所陶醉了，也深深地为每天履行的破坏艺术的行为感到愧疚和内疚。

如果我们隔离情感，将会付出巨大的代价。正如影片中的一句台词所说："没有感觉，没有了爱，没有愤怒，没有悲伤，呼吸只不过是摆动的时钟。"

六、自我矫饰／合理化

一般说来，每种现象或事件发生，都可以用许多方法与理由加以解释，如果为了自己心理上的需要，从一堆理由当中选择其中一些合乎自己内心需要的理由特别去强调，而忽略其他理由，以避免精神痛苦者，即为自我矫饰／合理化。

例如，有些所谓的"精英们"整天忙忙碌碌，大喊口号要把单位"做大做强"、"造福百姓"、"让员工有尊严"……从存在主义心理学角度看，这可能只是一种信念的托词：特异性是死亡的解药。许多工作狂或过分专注于出人头地、未雨绸缪、积累物质财富、做得更大、做得更强、知名度更高等，都可能是一种无意识的死亡恐惧或害怕自我感丧失。他们之所以以冠冕堂皇的大道理（合理化）来解释其行为，其背后的动机可能是以此来冲淡其潜意识中因自私或无能感而引起的不安。

上述这位医生来访者也曾采用了自我矫饰／合理化策略：

> 治疗师曾跟其商量一周后让他与父亲一同过来接受咨询，他说父亲3天后回老家山西，医生反复要求与其父亲见面，来访者最后同意了。但到了约定的时间，来访者依然一个人来就诊，问其原因，来访者回答：父亲已4年没回过老家了，昨天刚好有顺风车路过这里（司机是父亲同村的），所以就先回去了，经与其家人核实，这种顺风车经常有。

我们有时称合理化策略为"智力上的妄想／狡辩"，使用者不仅提出虚假的借口和理由，还真心相信它们。

七、权威主义

这是心理学家埃里希·弗洛姆所提出的逃避自由的策略。使用者放弃个人自我的独立倾向，欲使自我与自身之外的某人或某物合为一体，以便获得个人自我所缺乏的力量。也就是说，欲寻找一个新的"继发纽带"，以代替已失去的始发纽带。

这种策略在我们国人身上表现得尤其明显。在历史上盛行的"认干爹/干妈"、"找靠山"，目前的各种"集团化"模式和"圈子"，以及成语"树倒猢狲散"都是权威主义策略的表征。受虐和施虐冲动是这种策略更明显的形式。

弗洛姆把常人而非精神病症患者身上的施虐与受虐性格称为权威主义性格。他们羡慕权威，并欲臣服权威，但同时又想自己成为一个权威，要别人臣服于他。这些人在我们的社会非常常见。

这种策略之所以盛行，因为它能帮助个体暂时摆脱难以忍受的孤独和无能力感。借用陀思妥耶夫斯基在《卡拉马索夫兄弟》中的一句话来说就是：在这种形势下，"最迫切的需要是找到一个可以投降的人，尽快地把他这个不幸的受造物与生俱来的自由交给那个人"。借用罗洛·梅的话说，这种人是"组织人"。

从存在的角度说，孤独和无能力的个体寻找某人或某物，将自己与之相连，他再也无法忍受他自己的个人自我，企图疯狂地除掉它，通过除掉这个负担"自我"，重新感到安全。正如歌德在《浮士德》中所提出：

……任何不知道如何控制自己内心最深处那个自我的人，都会自以为是地佯装控制了邻居的意志。

八、趋同

趋同即平常所说的"从众"，这是现代社会里大多数常人所采用的策略。简单地说，使用这种策略之后，个人不再是他自己，而是按文化模式提供的人格把自己完全塑造成那类人，于是他变得同所有其他人一样，这也是其他人对他的期望。这样，"我"与世界之间的鸿沟消失了，意识里的孤独感与无能为力感也一起消失了。这有点类似于某些动物的保护色，它们与周围环境是那么相像，与周围数亿的机器人绝无二致，再也不必觉得孤独，也用不着再焦虑了。

乔治·奥威尔曾在幻想小说《1984》中描述了群体难以抵御的影响，以及作为个体要摆脱这样的群体漩涡是多么困难。这些趋同/从众的人爱鼓掌，特别是躲在人堆里的时候，那就更加肆无忌惮和有恃无恐了。然后这些人就像被克隆出来的那样，蚂蚁般地排列在历史的红地毯边，为某个粉墨登场的"杰出代表"拍手鼓掌，而且自我感觉良好。正如荣格所提出："当一个人对盲从习以为常以后，就变得镇定自若，能做到不怀着忌恨来讨论自己的信念，把它看作是个人的观点。"

但是，他也为此付出了巨大的代价，也就是失去了存在主义意义上的"自我"。因为，一个人只有从所有的社会角色中撤出，并以"自我"作为一个基地，对这些外塑的角色做出内省式的再考虑时，他的"存在"才会开始浮现。存在主义心理学家罗洛·梅对此作了精辟的论述：

> 从众以及根据他周围的人群来反射信号这种"雷达类型"个体的顺应等文化价值观，是与我们当代的普遍流行联系在一起的，关于这一点，沙利文和弗罗姆·赖克曼都曾启发性地写过。对于从众的那些人来说，孤独是一种常见的体验，一方面他们因为孤独而被迫从众，另一方面，通过变得与其他人一样来证实自我的这种做法减少了他们的自我感和个体认同感。这个过程导致了内在的空虚，因此也就导致了更大的孤独。
>
> ……
>
> 这种对本体感的压抑，就是我们用这个多少有些模糊的短语"作为一个人的丧失"所真正要表达的含义，并且成了我们今天大量的盲从运动，以及走向自我意识丧失这种倾向的理由。

趋同/从众策略在中国人身上表现得最为明显，"枪打出头鸟"、"水至清则无鱼"、"树高招风"、"同志情感"等流行语都是这一策略的表达。由于这一策略的过度使用，导致"人我关系"不分和"平均主义"。表面上看，一团和气，实际上，一盘散沙，骨子里极度不自信。因为，由于自己基本上是他人期望的反映，他便在某种程度上失去了自己的身份特征。为了克服丧失个性所带来的恐惧，他被迫与别人趋同，通过他人连续不断的赞同和认可，寻找自己的身份特征。但这是不可靠的，只会加剧普通个体的孤独感和恐惧感。

例如，中国人看到周围有人不结婚不生孩子的，就要想方设法出面干涉，要把你搞得跟他一样。否则，他代入你的位置，设"身"处地地使他自己变成你，就会产生恐惧。当然，这是他的而不是你的恐惧。这也是趋同/从众策略为丧失"自我"和"自由"所付出的代价。

借用分析心理学家荣格的术语"集体癔症"，趋同/从众策略的使用是由于自由被废弃和恐怖主义统治，人们呼求集体治疗的表现。荣格对这样的"集体"批判道：

> 这种个人主义潮流受到了抗衡，于是出现了一种补偿性的回归，即回归到集体的人，它的权威就是对群众的重视。怪不得今天到处都弥漫着一种灾难感，就好像一场没有任何东西可以阻挡的雪崩已经开始——集体的人威胁着要扼杀个体的人，而人类一切有价值的东西却最终依赖于个人的责任感。集体大众始终是无名称、无责任感的。所谓领袖，无非是群众运动中必然要出现的症状而已。实际上，人类真正的领袖始终是那些能够反思自己的人，他们总是自觉地远离大众的盲目力量，从而至少从大众为害中扣除了他们自己的为害。

许多哲学家持类似观点。例如，克尔凯郭尔认为，人群的本质是一种"虚假"，它使得个体完全不能自省和不负责任。尼采对"群体"的评价同样苛刻：

> 群体只在三方面值得关注：第一，作为在破旧的机器上复印出的大写的人褪色的复制品；第二，作为对抗大写的人的力量；第三，作为大写的人的工具。

九、身体化

人由身体和精神/心理共同组成。与西方人不同，中国人特别重视身体而不重视心灵。在传统中国文化中，"人"是只有在社会关系中才能体现的，他是所有社会角色的总和。如果把这些社会关系都抽空了，"人"也就被蒸发掉了。因此，中国人不倾向于认为在一些具体的人际关系背后还有一个抽象的"人格"。这种倾向导致中国文化中不存在西方式的个体灵魂观念。换句话说,"人"在中国是身体化了的。

例如,"民以食为天"、"本身"、"自身"、"安身立命"、"身不由己"等词语以及见面问候时所说的"你吃了吗?"都说明了中国人对自己对别人都只有"人身"观念,而没有"人格"概念。

这样,我们中的大部分人就将整个生命的意向导向满足"身"之需求,"精神"、"灵性"方面的"存在性"需求要么被"压抑",要么被异化。例如:

> 死亡恐惧是人人都会出现的现象,但我们的文化一边提倡"不怕死",另一边又让"养生"活动大行其道。在一般中国人的日常生活中,担心身体"虚"与"弱"的程度远比世界上其他任何民族都要严重得多,他们对"进补"/"补身"的重视远远地超过了他们对心理卫生/心灵品质的照料。
>
> 大部分中国人即使在"心"情不好的时候,也很少找心理咨询师去解决孤独、无意义等"存在性"问题,而多半去内科看"头痛"、"消化不良"或去中医科进行中药调理。

很明显,他们用"治身"的方法来解决"存在性"痛苦,少部分时候或许有效,但大部分时候不仅无效,反而伤害了身体。正如荣格所说:

> 今日已普及的科技教育,也同样会引起灵性的退化,并使心灵分裂的情况大为增加。只懂保健知识和成功之道的人,依旧离健康甚远,否则我们之中最有知识且最富裕的人,将会变成最健康的人……理性唯物主义在哪里占统治地位,哪里的状态就更像疯人院,而不是监狱。

同样的,中国文化中的"孝"亦与用"身体化"的方式来否认"死亡"有关。因为中国人普遍比其他民族更热衷于生孩子,强调"不孝有三,无后为大"、"养儿防老"、"传宗接代"。如果从存在主义角度分析,这与害怕"自我"消失有关。正如约翰·梅纳德·凯恩斯所提出:

"有目标"的人一直试图确保的是虚假而不切实际的永生，通过把行动推向未来，而使他的行动不朽。他爱的不是他的猫，而是它生的小猫；其实也不是小猫，而是小猫生的小猫，如此一直穷尽到猫族的终极。

一位研究汉文学的美国人对中国人之"孝"文化进行评论时说道："中国人设立'孝'这回事，是用来从根本上否认'死亡'这回事的！"这代价似乎有些大了，因为，我们在用别人的青春做自己应对年老和死亡的枕垫。正如孙隆基教授所说："中国人的代价，是将原本可以全面盛开的青春阶段这一个高峰铲低甚至平均，去填补老年时势将面临的深堑；用'别人'做自己'枕垫'的结果，亦可能导致对一己生命这个主权的让渡。"

此外，中国特有的"包二奶"、"养小三"现象亦是用"身体化"的方式来逃避"存在性"困境的途径之一。正如罗洛·梅曾提出："把没有亲密关系的性变成理想去追求，就是自恋的表现，它也是对在人际关系中害怕亲密和封闭的一种合理化，它起源于我们文化中的疏离，而且增加了这种疏离。"电影《唐璜》中的主角即是其例，他需要不断地性交才能证明自己的存在，如果遇到拒绝就想自杀。但这一"身体化"的解决方式所需要付出的代价也是不言自明的。借用施梅尔博士的话说，这些人心甘情愿地放弃自己的所有快乐，只图证明自己是个合格的男人。施梅尔博士在记录中是如此描写的：

> 我的一位男病人对其"早泄"深感绝望，尽管射精是发生在插入后的10分钟或更长的时间。他的邻居，一位泌尿科医生向他推荐了一种在性交前使用的麻醉剂。这位病人对这种方法十分满意并对这位泌尿科医生充满感激。

十、追求时尚

追求时尚是现代人的消费哲学，也是把人物质化的过程。正如托马斯·卡莱尔所说：

> 任何感觉到存在的东西，任何灵魂到灵魂的代表，就是衣服，就是服

装，应时而穿，过时而弃。因此，在这样一个意味深长的有关服装的话题中，如果理解正确，就包含了人类所思、所梦、所做、所成其为人的一切，整个外部世界和它执有的一切都只不过是服装，所有科学的本质都处在服装哲学中。

类似现象在我们周围遍地都是，各种"跟风"现象、"攀比"现象都是追求时尚的表现。从存在主义角度看，这是由于害怕孤独、存在虚空和"被遗弃"的原因。正如超个人心理学家罗杰·沃什和法兰西斯·方恩在《超越自我之道》中所提出："现代人想要借着强迫性消费的替代满足感填补超个人需求未获重视、不得满足所造成的存在虚空。"亚当·斯密在《道德情操论》中也提出了类似观点：

> 人的一种自然倾向是，将自己的行为举止与某个更重要的人物作比较（孩子与大人相比较，较卑微的人与较高贵的人相比较），并且模仿他的行为方式。这种模仿仅仅是为了显得不比别人更卑微，进一步则还要取得别人毫无用处的青睐，这种模仿的法则就叫时尚。所以时尚是归在虚名下的，因为在这种动机里没有内在的价值。同时又归在愚蠢的名下，因为它同时有一种压力，迫使人们奴颜婢膝地一味跟从社会上许多人向我们提供的样板的引导。

可以看出，与使用趋同／从众策略相似，追求时尚者必将因此而失去自我与自由。

另外，追求时尚的潜意识目的之一是克服死亡恐惧，但时尚始终蕴含着自我消亡的因素。因为时尚是一种不断的自我否定。波德莱尔曾把时尚称为"人渴望超越本质所赋予的东西去接近理想的一种病症"：

> 因此，时尚应该被看作理想趣味的一种征候，这种理想在人的头脑中，漂浮在自然生活所积累的一切粗俗、平庸、邪恶的东西之上，应该被看作自然的一种崇高的歪曲或者更准确地说，应该被看作一种改良自然的持续的尝试。

弗里德里希·席雷格尔更是尖锐地提出:"一个渴望无限的人其实并不知道自己渴望什么。"诗人贾科莫·莱奥帕尔迪在其《时尚与死亡的对话》中提出了追求时尚的代价:

时尚说:甚至,一般说来,我劝告并强迫所有追逐时尚的人,每日每时承受成千的困难和拘束,常常是痛苦和折磨,直到某些人出于对我的执著而光荣地死去。我不想谈及头痛脑热、伤风感冒、各种类型的出血、每天或间歇性的发烧发热,这些都是人们由于服从我而得到的报应。他们要么冷得发抖,要么热得窒息,视我的好恶而定,每到这时,他们只好用厚厚的呢子大衣护住脑袋,用棉布遮住胸部,按照我的方式去做,尽管他们因此而蒙受种种损害……

人本主义心理学家亚伯拉罕·马斯洛对追求时尚的人提出了告诫:

艺术世界在我看来已被一小群舆论操纵和风尚制造者所把持,对于这些人我是有疑虑的。这是我个人的判断,但对于这样一些人来说它似乎是十分公平的,因为他们自以为有资格说:"你们要喜欢我所喜欢的,不然你们就是傻瓜。"而我们却告诉人们要倾听自己的志趣爱好。多数人不会这样做。当站在画廊里看一幅费解的彩画时,你很少会听见有人说:"这幅画很费解。"不久前在布兰迪斯大学举行过一次舞会——一次圣诞舞会,放电子音乐、录音带,人们做一些"超现实的"和"颓废"的事情。灯亮了,人人目瞪口呆,不知说什么好。在这种场合,大多数人会说几句俏皮话而不会说"我要想想这件事"。说老实话,这意味着敢于与众不同,宁愿不受欢迎,成为不随和的人。假如不能告诉来咨询的人,"不论年长或年轻的,要准备自己不受欢迎",这样的咨询师最好马上关门。要有勇气而不要怕这怕那,这是同一件事的另一种说法。

荣格把这种追求时尚者称为"伪现代人",因为,"我们发现真正的现代人往往反倒以那些称自己为老古董的人自居";"只有那充分意识到现在的人才可以称之为现代人"。荣格进一步论述道：

　　自觉意识到现在的人是命中注定的孤独者，这在任何时代都是如此，因为朝着充分自我意识每前进一步，人也就更远地远离了他原来那种生机和野性的对人类群体的"神秘参与"，远离了那种湮没于普遍而共同的无意识中的命运……只有当一个人已经走到了世界的边缘，他才是完全意义上的现代人——他将一切过时的东西抛在身后，承认自己正站在彻底的虚无面前，而从这彻底的虚无中可以生长出所有的一切。

　　这些话的调子高得使人怀疑会走向自己的反面，因为伪装出一种现代意识是再容易不过的事情了。事实上，一大帮没有价值的人正是这样一下子跳过各种发展阶段，抹去这些阶段的人生任务，并由此赋予自己一副虚假的现代气概。他们猛然出现在真正的现代人身旁，但实际却是一些身如飘蓬、无处生根的吸血鬼和寄生虫；他们的空虚给真正的现代人那不值得羡慕的寂寞投上了一道可疑的色彩。于是，那真正的、为数极少的现代人，便只能被这帮幽灵的阴云遮蔽，而在缺乏辨别力的大众眼中，与这些伪现代派混在一起。这是没有办法的事情。"现代人"总是遭到诘难，遭到怀疑，这在所有时代都是如此。

第三章 "存在性"痛苦与疾病

只要我们没有认识到疾病与战争和爱的那种奇特的相似性，看不清它的妥协、它的假象、它的强求，以及它是由某种气质与疾病的混合而产生的奇怪而独特的混合物，我们就对疾病没有多少了解。

——玛格丽特·约森纳

一说到疾病，许多人马上会联想到躯体不适。如果在医院检查没有躯体方面的阳性发现，就会说："医院检查没病，怎么还不舒服呢？"其实，这是对疾病的一种错误认识。

查阅有关疾病的文献可以发现，除生物学方面的原因和病变外，疾病还有心理、社会方面的定义。例如，疾病的心理学定义是：疾病的本质是生物、心理和社会因素综合的产物，即身心关系的失常。疾病的社会学定义是：疾病与社会经济条件有关，分为"文明病"、"情景病"等，同时还与文化背景有关，出现了"生物文化"的概念。疾病的哲学定义是：疾病是机体损伤与抗损伤的斗争过程，或者说疾病是机体对有害因子作用的反应。

苏珊·桑塔格在《疾病的隐喻》中告诉我们："作为生理学层面的疾病，它确实是一个自然事件，但在文化层面上，它又从来都是负载着价值判断的。"她发现，在谈癌色变的一般社会心理反应中，癌症是一种现代性的压抑、激情不足的疾病。台湾医生许添盛也提出："癌症是来敲醒你的灵魂，癌症是来打开你的双眼，癌症是来启发你的心灵的。"

可以看出，我们目前所谓的疾病与"存在性"痛苦有一定的联系。正如罗伯特·汉在《疾病与治疗——人类学怎么看》中所提出：

疾病乃是一种自我不想要的状况，或某种社会导致出现这种状况的实质性威胁。不想要的状况可能出现在某人的任何部位——身体、心灵、经验或关系，程度因人而异。

下面试从谁是健康/正常人呢、"存在性"痛苦与心理障碍、"存在性"痛苦与躯体疾病等角度进行论述。

谁是健康/正常人呢

> 一个关于人的本质的恰当概念的缺乏，已经使得健康的定义不可避免地变得空洞，并且陷入了真空的漩涡，里面充斥着像"顺应"、"适应"、"使某人的自我与社会的现实保持一致"等这样的冒名顶替者。
> ——罗洛·梅

在现代通俗的健康定义中有两条标准是"心理健康"和"社会适应良好"。也就是说，健康的前提条件包含"自我感觉是良好的，情绪是稳定的"，以及"能良好地适应相应的社会"，否则，就有可能成为"焦虑障碍"、"抑郁障碍"、"适应障碍"，甚至"精神分裂症"等心理障碍了。

如果从功能社会/社会必要性的角度看，这无疑是正确的。健康/正常人首先得能够按照那个特定社会的要求去工作，不仅如此，他还得能够参与社会的再生产，即能够组建供养一个家庭。但是，如果从个人存在的价值/存在性角度看，上述的观点就未必正确，也就是说，"健康的人不一定没有焦虑"、"健康的人不一定社会适应良好"。正如心理学家埃里希·弗洛姆所提出："健康或常态就是有一个最适合个人成长和幸福的环境。"

这是因为，"适应"一词在我们的社会里通常被当作是一味顺从、丧失个人自身"存在性"的代名词。从存在主义角度看，如果一个个体能充分地面对个人自身的"存在"，即使他可能因此变得比以前更不能适应社会，即使他很可能会产生比以前更多的有意识的焦虑（正常的关于"存在性"焦虑），他也是个健康/正常人。

因此，从个人"存在性"角度看，一个所谓"没有焦虑"、"社会适应良好"的正常人远没有一个所谓人类价值意义上的精神疾病/心理障碍患者来得健康。

前者以放弃"自我"的"存在"来成为别人期望的样子，所有真正的个体性与自由全部丧失。而精神疾病/心理障碍患者则可被看作在争夺"自我"的战斗中不准备彻底投降的人。尽管他挽救个人"自我"的努力并未成功，也未有效地表达出"自我"，却借助精神疾病/心理障碍的症状和遁入虚拟的生活寻求拯救。

难怪弗里德里希·尼采尖锐地指出："疯狂罕见于个人，但对于团体、党派、民族和时代来说则是常态。"阿瑟·米勒在《尊重她的痛苦——但也有爱》中也论述道：

> 人类永恒的挣扎是：以某种方式感知到自己与邪恶共谋，成为一种不能忍受的恐惧。用全然无知的受害者眼光，或者用全然邪恶的暴力发动者眼光来看这个世界则让人安心得多。不论付出任何代价，都不要干扰我们的无知。但是，所有国度中，最无知的地方在哪里呢？不就是疯人院吗……无知的完美境界，其实就是疯狂。

作为精神/心理卫生科医生，作者每当在媒体上看到杀人犯、经济犯罪、贪官、性丑闻及所谓的"精英"们犯罪时就会感到超级郁闷。他们事发前风风光光，被视为完全正常，相比之下，自己天天接触的那些被认为"不健康/不正常"的来访者倒显得挺美好：上瘾者很讲面子，痴呆者很单纯，抑郁者让人动容，精神分裂者有一颗敏感的心，躁狂者让人着迷……有时我甚至会想，我们的治疗对象是否搞错了？有问题的是否恰恰是我们这些所谓的"正常人"？

因为，这些精神疾病/心理障碍者大多是乱"自己"或与自己关系很近、影响深远的"主要照顾者"，并不会毫无原因地直接骚扰陌生人或对社会造成危害。从世界上的许多统计数据看，精神疾病患者犯罪的概率比正常人小。难怪有些心理科医生经常会半开玩笑地说："宁可与这些病人相处，也不愿与所谓的正常人相处。"德国精神科医生曼弗雷德·吕茨更是尖锐地提出："防火防盗防正常人……"

作者对此深表赞同，反对诊断手册式的过分强调病理诊断的治疗倾向，也反对治疗指南式的结构化治疗模式。而是更愿意通过心理治疗进行生命冒险，与"病人"一起走向人类心灵深处,探索各种医治的可能性,同时又恪守专业的、伦理的、生命的品质。在精神/心理卫生科门诊,经常有病人及家属会问:"医生,我是否患有抑郁症/焦虑症/强迫症……"我经常会反问他们:"您觉得病名重要吗?"或者告诉他们:"我觉得疾病的诊断并不重要,重要的是您现在觉得心理痛苦了,看看我们能否一起去寻找一下痛苦的原因和可能的解决办法。"荣格也持类似的观点:

> 我发现,要使心理学的意义能够为广大公众所理解是一件非常困难的事情。这种困难早在我在一家精神病医院当医生的时候就开始了。像所有的精神病医生一样,我惊奇地发现:在心理健康与疾病的问题上,最有发言权的并不是我们,而是比我们知道得更多的公众。他们往往告诉我们,病人并没有真的爬上墙去,他知道自己现在在什么地方,他认出了自己的亲戚,他并没有忘记自己的姓名,因而,他实际上并没有病,而只是有一点消沉,或只是有一点兴奋罢了。因此,精神病医生认为此人患了这病那病的看法完全是不正确的。
>
> 这种司空见惯的经历把我们引入了真正的心理学领域。那里的情况更糟:每个人都认为自己对心理学知道得最多,都认为所谓心理其实也就是他自己的心理,自己的心理当然只有自己知道。而与此同时,他又认为他自己的心理就是所有人的心理,也就是说,他总是本能地设想他自己的心理构造是普遍的,设想每个人都大体上和别人一样——也就是说都和他一样。丈夫这样设想自己的妻子,妻子也这样设想她的父母。那种情况就好像每个人都有一个直接的通道,可以一直通向他自己内心正在发生的一切;就好像他对自己的内心十分熟悉,完全有资格、有能力对它发表意见;就好像他自己的心理就是某种标准的心理,它适合所有的人,并且保证他有资格、有能力去把他自己的状况设想为普遍的法则。而当这一法则显然并不适合于他人的时候,当发现另一个人确实与自己不同的时候,人们便往往感到吃惊,甚至是感到恐惧。一般说来,人们并不感到这些心理差异是奇怪而有趣的——相反,他们感到这些心理上的差别对他们来说是不能同意的失败,是必须予以指责或甚至是予以定罪的、不可容忍的过错。这些

显而易见的差异给他们带来的痛苦就像是对自然秩序的违背。它们就像是令人震惊的错误，必须尽快予以医治，或者，就像是一种罪过，需要给予应得的惩罚。

再打个比方，如果一只小鹅在鸭群里头长大，当它还跟小鸭在一起的时候，差别还没那么大，后来它逐渐长大，开始意识到自己与周遭的"同类"都不一样，我们能认定这只鹅是"不正常"吗？所以，"不一样"并不代表不健康和不正常。

"存在性"痛苦与心理障碍

> 我们每个人都披上了一层因为心理的繁忙工作而导致的愤怒与快乐的面纱，旨在保护我们不要觉察到我们最深刻的存在关注：死亡、孤独、责任以及我们怎样找到生活的意义。对这类深刻的存在问题的持续觉知会让我们产生可怕的焦虑。
>
> ——罗洛·梅

从存在主义心理学家罗洛·梅、欧文 D·亚隆、科克 J·施奈德等的研究结果看，几乎所有类型的心理障碍都会涉及"存在性"痛苦，下面就临床常见的心理障碍与"存在性"痛苦的关系进行探讨。

一、焦虑障碍

焦虑意指某种类似担忧的反应，是多种情绪的混合体，除占主导地位的恐惧成分外，还包含有其他多种情绪成分，如抑郁、悲伤、愤怒、害羞、自责、兴奋等。与焦虑相类似的常用术语有："害怕"、"恐惧"、"恐怖"、"惊骇"、"畏惧"、"惊恐"、"担忧"、"苦恼"、"惊慌失措"等。

焦虑具有两面性。一方面，适度的焦虑是个体安全需要的体现（对当前或未来情况的不确定：考试、预期目标、不熟悉的目标、物体、场景等）；一定程度的焦虑是维持个体警觉性、促进躯体的代谢活动、维持基本的精神活动的重要因素。从这些方面来说，失去焦虑反应的人倒是不正常的。德国精神病学家Gebsattel提出："没有焦虑的生活和没有恐惧的生活一样，照样不是我们真正需要的。"我国当代精神病学家许又新教授也提出："焦虑是对生活持冷漠态度的对抗剂，是自我满足而停滞不前的预防针，它促进个人的社会化和对文化的认同，推动着人格的发展。"

另一方面，如果焦虑与外界环境不协调（没有相应的刺激源而产生焦虑，或对刺激源所产生的心理和躯体反应明显与群体中多数面对同样刺激所产生的反应不同）；焦虑持续存在，超过所处群体面对同样刺激所出现反应的持续时间；焦虑个体感到自身焦虑出现的不合理性，但没有办法控制；个体为焦虑的出现感到痛苦。从这些方面来说，就是病理性的了。

著名心理学家弗洛伊德将焦虑分为三类：

（1）客体性焦虑（恐惧）：又再分为两种：①原发的客体性焦虑；②继发的客体性焦虑，这不是客体的出现或再现所引起，而是它出现的可能性引起的焦虑。

（2）神经症性焦虑：这是意识不到的焦虑，是压抑（repressed）于无意识里的焦虑，造成焦虑的威胁来自本能冲动。

（3）道德性焦虑：危险来自自我，被体验为耻感和罪感。

从存在主义哲学和心理学角度看，不管哪一种类型的焦虑，其根源均与人类的"存在性"问题有关。正如克尔凯郭尔所认为："自由总是包含着潜在的焦虑"；焦虑就是"自由的头昏眼花"；"个体的潜在自由越大，他的潜在焦虑就会越大。"爱比克泰德在《关于焦虑》中说得更为精辟：

> 当我看到一个人处于焦虑状态中……我不能说他不是一位里拉（古代的一种七弦竖琴）的弹奏者，我只能说一些其他关于他的东西……首先，我会称他为一位陌生人，然后说，这个人不知道他在世界上的哪个地方。

在古代，原始人最初的焦虑体验是来自野生动物的尖牙利齿的威胁警示。到了现代，尽管我们仍然认为主要的威胁来自具体的敌人，但它们实际上大部分是来自心理或灵性的层面。换句话说就是，焦虑体验主要来自死亡、无意义等"存在性"问题。我们不再是老虎等动物的猎物，但却受害于自己的自尊，被自己的族群，或在竞争中受到失利的威胁。尽管焦虑的形式发生了改变，但焦虑经验依然大体相同。

从心理卫生科临床看，以焦虑为主要临床表现的广泛性焦虑症、惊恐发作、社交焦虑症、广场恐惧症等焦虑障碍患者的潜意识均涉及"存在性"问题。

二、抑郁障碍

抑郁以情感低落、抑郁悲观为特征，主要表现为忧心忡忡、郁郁寡欢、愁眉苦脸、长吁短叹。程度轻的患者感到闷闷不乐，无愉快感，凡事缺乏兴趣，任何事情都提不起劲，感到"悲观失望"、"高兴不起来"。程度重者可痛不欲生，悲观绝望。抑郁的患者常诉说自己感到"压抑"、"郁闷"、"愁得慌"、"心情沉重"、"情绪低落"、"悲伤"、"苦恼"、"孤独"、"高兴不起来"、"心里体验不到喜怒哀乐的情感"。

抑郁障碍是典型的"存在性"痛苦，患者常抱怨活着没有意义，而渴求死亡。"鼓起勇气振作起来"这类鼓励，或者诚心实意地告诉抑郁障碍者"其实一切都很好"，对他们只能引起更多消沉的想法；旅行对这类患者来讲是一种痛苦。尤其对有自杀念头的抑郁障碍患者来说，他的内心是极其孤独的——不能跟陌生人讲，不想让朋友担心，更不愿意吓坏家人……因此，他只能一个人苦苦思索这个可怕的问题。正如英国学者波顿在《忧郁症的解剖学》一书中所说："如果人间有地狱的话，那么在忧郁症患者的心中就可以找到。"而自杀往往是患者所做的最后一件"出人意料"的事情，是自由意志的一种体现，也是建立在自尊基础之上的行为。电影《时时刻刻》中的主人公维吉妮娅·伍尔夫的人生即是如此：

> 维吉妮娅·伍尔夫患有抑郁症，住在弗吉尼亚的乡间疗养，她的丈夫不允许她回到伦敦，怕激发她的抑郁症和自杀倾向。但她在无法忍受生命旅程中的巨大的孤独和虚无感时说："如果让我在死亡和里齐蒙德之间做选择的话，我选择死亡。"雷纳德看着她眼神里的坚定，哭了。因为他终于知

道,这个世界上有些人,尽管你是那么地爱他们,尽管你愿意为他们付出你的一切,然而你将注定无法把他们留住。

影片中另一患有抑郁症的主人公理查的情况亦是如此:

理查明白,他活着就是为了报答他的"达洛威夫人"(克拉莉莎)。于是他问他的"达洛威夫人":"如果我死了,你会不会感到愤怒?"

她当然是感到愤怒的。她觉得他们应该互相为对方而活。她把这叫做相依为命。有的人就是依靠与他人互为牢笼才能证明自身的存在。虽然她为自己庸俗不堪的生活也感到愤怒,然而她却表现得相当地顺从。

然而理查却说:"达洛威夫人,你必须放我走,也放了你自己。"

最后他在她面前从窗口一跃而下,终于做了自己想做的事情,得到了解脱。

下面是我们临床遇到的"躁郁症"来访者,他一直纠结于"死亡"与"意义"问题:

……

来访者:有一天,我在路上走着,突然看到一辆警车朝我的方向开来,我就下意识地去摸腰间的"武器",幸好它很快从我身边开过,不然我就会把"武器"掏出来,我就完了。

医师:为什么摸"武器"?

来访者:我害怕他们是来抓我的。

医师:这不就是你一开始想要的吗?

来访者:是啊,我是想过坐牢或获死刑离开父亲,但也不能这样被抓。如果那些警察真的是来抓我的,我也要防卫,这样他们就有理由当场击毙我,那我就死得有意义了,不然死得也太没意义了……

三、失眠症

失眠症是指睡眠过少，表现为入睡困难、夜间易醒并且再次入睡困难、次日早醒、维持睡眠时间少；患者次日常出现醒后疲惫、日间警觉性降低、精力不足、认知和情绪行为等方面的功能障碍。失眠是失眠者对睡眠时间、睡眠效率和睡眠质量不满意，并且影响白天社会功能的一种主观体验。

从存在主义心理治疗师的眼光看，睡眠是衡量个体"存在性"的绝佳标准。

首先，睡眠困扰就是一个人小心翼翼（没有安全感）的标志，这些人为了保卫自己对抗人生的胁迫，仿佛永远都处于备战状态，害怕失去"自我"。这种情况可以从这类人的睡姿分辨出来：他们多半蜷缩着身体或者把被子蒙盖过头。

其次，死亡恐惧是失眠的重要原因。在希腊神话中，死神塔纳托斯与睡神修普诺斯是孪生兄弟。我们民间也有一句口头语叫"睡得跟死了似的"。心理卫生科的临床经验可以告诉我们，许多失眠症者（尤其是入睡困难者）的潜意识认为睡眠是危险的。正如下面这则西方祷告词：

> 我现在躺下来睡觉，
> 愿主保佑我的灵魂；
> 若我在醒来前死去，
> 愿主带来我的灵魂。

再次，失眠多见于社会失效和无意义感者。因为他们没有真正重要的事去操心，但又无法忍受生命本身的无意义。所以就开始与自己的睡眠问题战斗。正如尼采在《查拉图斯特拉如是说》中所说："为了夜间的安睡，必须有昼间的清醒。真的，如果生命原无意义，而我不得不选择一个谬论时，那么，我觉得这是一个最值得选择的谬论了。"

下面借用电影《搏击俱乐部》来说明失眠与"存在性"痛苦的关系：

杰克，一个30岁的白领小职员。他孤独、寂寞、无聊、空虚、失眠，最大的快感来自看邮购目录购买家具。他在一家很大的汽车公司做着事故处理的工作，经常出差去看那些因为车祸而丧命的人们留下的痕迹。还有一个跟所有的部门主管一样刻薄、无能的上司经常找他的茬。

许多失眠症者就像杰克一样，无所事事地混在这个充满着无聊和虚荣的世界中。为了逃避虚无感和满足自我虚荣，他会像很多所谓的"精英"人士一样去追求时尚，购买各种各样带牌子的东西或者能够彰显自己身份品味的东西，譬如阴阳图案的桌子、手工做的有瑕疵的盘子等。但是，从长远的眼光看，这只会加重"存在"意义上的"自我感"丧失和无意义。正如该影片中失眠症者所说：

（1）失眠症让我感受不到真实，一切都很虚幻，事情都成了相同的拷贝；

（2）我没有绝症，也没有癌症或是寄生菌，我只是一个小小的中心，周围拥挤的生命的中心；

（3）我每晚都会死一次，可是又重生一次，复活过来；

（4）得失眠症的人无法真正入睡，也没有清醒的时刻。

四、成瘾和冲动控制障碍

成瘾包括酒精、毒品等物质的过度使用/滥用，以及赌博成瘾、性成瘾、运动成瘾、购物成瘾等行为成瘾。冲动控制障碍包括间歇性暴怒障碍、纵火狂、偷窃狂等。

从存在主义心理学角度看，这两类患者发病的原因均与其潜意识的"自我感"丧失、孤独、体验不到意义和价值、"自由选择障碍"有关。罗洛·梅曾提出："酗酒似乎只是他用来掩饰这种孤寂的一个面具"；"我把性高潮也看作是一个心理学象征。这是一种为了获得更广泛的体验而放弃自我、放弃当前的安全感的体验。性高潮通常作为一种局部的死亡与重生而象征性地出现"；"在我们这个时代，性通常被用于获得安全感并克服情感冷漠与孤立的最为便利的途径。性伴侣的兴奋不仅是紧张情绪的一个释放出口，而且也证明了个人的价值，如果一个人能够唤醒另一个人这样的情感，那么他就证明他自己是有智力的。"超个人心理学家罗杰·沃什和法兰西斯·方恩在《超越自我之道》中也提出：

> 成瘾可能是更大范围人类痛苦的基础，可能是普世的问题，而不是个人的问题，起源并不是偶发的，而涉及存在的问题，基础不只在于心理，还在于形而上的范畴。如果真是如此，除了药物和行为治疗以外，也需要接受存在和超个人的治疗。

电影《猜火车》主人公在影片开头对此提出了精辟的论述：

> 选择生活，选择工作，选择职业，选择家庭。选择他妈的一个大电视。选择洗衣机，汽车，镭射唱机，电动开罐器。选择健康，低卡路里，低糖。选择固定利率房贷。选择起点，选择朋友，选择运动服和皮箱。选择一套他妈的三件套西装……选择DIY，在一个星期天早上，他妈的搞不清自己是谁。选择在沙发上看无聊透顶的节目，往口里塞垃圾食物。选择腐朽，由你精子造出取代你的自私小鬼，可以说是最无耻的事了。选择你的未来，你的生活。但我干嘛要做？我选择不要生活，我选择其他。理由呢？没有理由。只要有海洛因，还要什么理由？
> ……你不会愈来愈年轻，世界在变，音乐在变，连毒品也在变，你不能整天在这儿，梦想毒品和伊吉波普，关键是你得找到新东西。

当找到了意义和存在感后，毒品和冲动问题自然就容易解决，正如《猜火车》主人公在找到新的生命时所说：

> 我为什么那么做？有一百万个答案，但全是错的，原因是我根本就是个坏胚子，但那会改变，我要改变，这是最后一件坏事。我要洗心革面，向前走，选择人生，我已经在期望了。我会跟你一样，工作，家庭，大电视机，洗衣机，汽车，CD播放机，电动开罐器，健康，低胆固醇，牙医保险，贷款，购物，休闲服，行李箱，三件式的西装，DIY，猜谜节目，垃圾

食物，孩子，公园散步，朝九晚五，高尔夫球，洗车，运动衫，阖家过圣诞，养老金，免税，清水沟，只往前看，直到你死掉的那天为止。

五、强迫障碍

强迫障碍是以强迫观念、强迫冲动或强迫行为等强迫症状为主要临床相的一类神经症性障碍。其特点是有意识的自我强迫和反强迫并存，两者强烈冲突使病人感到焦虑和痛苦；病人体验到观念和冲动来源于自我，但违反自己的意愿，需极力抵抗，但无法控制；病人也意识到强迫症状的异常性，但无法摆脱。

从存在的角度看，这与患者的"自我"不完整，各种亚人格未得到整合有关。借用台湾许添盛医生的一个比方来说明这一现象：

> 任何政府或执政党的发言人，只能有一位上台说话。同理，在一个人的结构——意识的心理当中，一次只能有一个主人格当政。好比我一次只能说一句话，不能同时说两句话；我一次只能采取一种行动，不能采取两种；我一次只能思考一件事，不能思考两件。一般而言，作为身体、思想与情感主宰的主人格只有一个，主人格是这个人生活与行为的执政党。但是，若一个政府有两个发言人，台面上及台面下各有一个，台上讲话，台下也在讲，那就纠缠不清了。台上的发言人，得面对记者和听众回答问题，可是，台下那个发言人又要跟他说话，他就开始产生混乱现象了。

罗洛·梅对强迫症也持相类似的观点：

> 强迫现象在一种人格背景下发生，这种人格可能是完整的，但是被迫在坚持自己的权利方面无能为力。在日常生活中，强迫经验即具有这样的特点，即同时存在"是"和"否"——一种与内部拒绝相结合的顺从行动，或者是与内部顺从相结合的拒绝行动（例如，我觉得被迫签署一份我反对的声明）。在心理病理学的强迫病例中，强迫和被强迫都起源于自我领域：自我是这个势不可挡的力量的目标，但同时它也是这个势不可挡力量的原

则。这个自我挑战产生于同一自我的行为，挑战的一方和被挑战的一方都是一个自我的本性，都是自我的范围，它们不相符合而站在彼此相反的立场上。

下面是我们临床遇到的一位强迫症来访者：

> 该来访者系26岁女性，被强迫性思维困扰10年。
>
> 来访者自述她从小就对"人为什么要活着"之类的问题感兴趣。高中开始就反复思考"人如何活着才有意义"，"只有成为伟大科学家才会有意义"，看书的时候头脑中会不断冒出"读这些书有什么用，不是浪费时间吗？"就这样，一边想着以后成为科学家，一边读不进书。在某医院被诊断为强迫症。服用舍曲林治疗，头脑中的强迫念头有所减少。上大学（数学系）以后逐渐减少药量，头脑中的自我对话又开始增多，但不影响学习，未作特殊处理。由于对宇宙问题感兴趣，考上了理论物理的研究生，开始全身心地投入到思考宇宙问题中，但觉得这问题不可能像"数学公理"一样绝对正确，开始对自己的方向感到迷茫。头脑中不断地自我对话："以后是考博还是就业呢？""这样研究下去没有结果怎么办呢？不就把生命浪费了吗？""如果去工作，天天教中学物理，太无聊了怎么办呢？"……
>
> 由于不愿再次服药，开始来台州医院心理卫生科尝试做心理治疗。在治疗过程中，医生针对她顽固的"二元对立思维"采取了正念治疗。在强迫思维有所减少以后，医生与其探讨了存在主义哲学中的"死亡"、"孤独"、"自由"、"无意义"等问题，她开始变得沉默，若有所思。随着治疗的深入，来访者逐渐暴露出她强迫性穷思竭虑的背后原因：她是两岁的时候被领养（到现在还不知亲生父母是谁），从小就开始害怕黑暗以及一个人待着，在中学时养成了"爱思考"的习惯，许多时候一个人出神地想事，因为这会让她忘记恐惧和孤独。高中时有一次头脑中出现"邪恶"的念头，感到非常害怕，"人的脑子里怎么会有那么糟糕的东西"，遂问其当公务员的父亲："你头脑中会有'不好'的想法吗？"父亲回答："不会。"就这样，她开始在头脑中拼命地去追求"卓越"……

当她开始明白自己强迫的背后是由于在逃避"存在性"困境时，强迫症也开始走向好转。

六、进食障碍

进食障碍主要包括神经性厌食症和神经性贪食症。前者又称神经性食欲不振，是由心理因素引起的一种慢性进食障碍，以个体通过节食等手段，有意造成体重明显低于标准为特征。常伴营养不良、代谢和内分泌紊乱及躯体功能障碍，严重者可因严重的营养不良与极度衰竭而危及生命。后者是指反复发作的不可控制的、冲动性的暴食，由于病人有担心发胖的恐惧心理，继之采用自我诱吐、导泻、利尿、禁食或过度运动来抵消体重增加为特征的一种进食障碍。

从存在角度分析，它们与潜意识里的"自我感"不稳定、"孤独感"和"存在性虚空"关系较为密切。正如德国心理学家托瓦尔特·德特雷福仁和吕迪格·达尔可所提出：

> 总结神经性厌食症的症状，可以说是一种过度的禁欲主义理想，在这种现象背后就是由来已久的精神与物质、上与下、贞洁与肉欲本能的冲突。食物的任务就是滋养身体，也滋养了形式世界，厌食症病人拒绝食物，其实是拒绝物质性和身体的所有需求。厌食症病人的真正理想远超过食物层面：她们的目标是贞洁和灵性，她们想要的是完全脱离身体的束缚，在意的是彻底逃避性欲和本能，目的则是禁欲无性的生活。要达到这些目的，就必须尽可能保持苗条，否则身体出现的曲线会显示她是女人，而厌食症病人正是不愿意当女人。
>
> ……
>
> 所以，厌食症病人一直在贪婪和禁欲、饥饿和克己、自我中心和自我牺牲的冲突间摇摆，无法找到快乐的平衡。

路德维希·宾斯万格认为，暴食现象与"存在性虚空"有关。他说：

饥饿就在这里，正如许多嗜毒病一样，不仅仅是身体调节的需要，同时也是填充存在虚空或空虚的需要。这样一种填满和填补的需要我们称之为存在性的成瘾。

七、健康焦虑

健康焦虑是指当身体出现异常感觉时会认为这是由严重疾病引起的，并为之感到紧张、不安和痛苦的一种非常多见、危害很大的现象。从广义上来说，健康焦虑涵盖了躯体症状障碍、疑病症、疾病恐惧症等。

健康焦虑的核心认知表现是疾病信念——坚信自己患有某种疾病，并由这种疾病导致身体感觉出现异常，患者否认这些躯体感觉的变化是正常的或只是小毛病。比如，患者可能会有这样的想法："头痛意味着我有一个脑瘤"，"心慌提示我有心脏病"。其他不良的信念（例如，认为自己身体很虚弱）也可能产生疾病信念，总是过分关注身体感觉的变化，刨根究底想知道引起身体感觉变化的确切原因，并由此导致一些不良的应对行为，例如寻求保证（希望从医务人员口中得到肯定的答复，保证自己身体没有问题）和反复核对、检查（反复触摸体表的包块或皮损，在因特网上搜索重大疾病的信息），总是担心自己身体感觉的改变是由严重疾病所引起。尽管寻求保证和反复核对、检查可以暂时缓解健康焦虑，但无法从根本上使其放心。引起担忧的对象可包括：

（1）对症状的担忧，比较常见的有头痛、头晕、乏力（包括俗话说的"酸"）、胸闷、心慌、麻木、偶尔测到血压高、中暑样或发痧样症状等；

（2）对特种疾病的担忧，常见的有性病（特别是艾滋病）、癌症、心脏病、狂犬病、脑出血、"体虚"等；

（3）对体检结果的担忧：如结节、某个指标比标准值稍微偏高或偏低、钙化等。对症状和体检结果的担忧是因为认为这些问题是自己已经得病或即将得病的信号，本质上是对疾病的担忧。

健康焦虑者的疾病信念是非常坚固的，他们认为自己的担忧是合理的，身体确实有问题，他们认为如果我身体舒服了，我就不担心不难过了。这也是为什么现在保健品市场如此红火的一个原因，人们很容易给自己扣上"虚弱"的帽子，因此要进行滋补。此外各种身体检查也很受青睐，有一位头晕患者在2个月内做了7次头颅CT，反复检查的患者并不少见，患者本人对此解释为检查一下放心一点，但是检查结果阴性仍不放心或者过段时间又开始担心的现象很多见。

此外，健康焦虑者还表现为正常社会功能受损，如一位担心自己脑出血的患者不敢活动，终日卧床；怕心脏病发作猝死的患者不敢独处；认为自己体虚的患者长期休养，表示要等自己先把身体调养好了再工作……

健康焦虑者的表现还有两种有意思的现象，一是过分注意健康，如严格控制饮食数量和种类，坚决不吃不健康的食物；二是在担心健康、害怕生病的同时，懒得锻炼身体，戒不了烟酒，控制不了食量，也就是光害怕而不去做对健康真正有利的行为。

可以看出，尽管健康焦虑与精神病学中的"焦虑障碍"有别，但也是典型的"存在性"痛苦，其背后是"死亡恐惧"和"无意义感"。

八、精神分裂症

精神分裂症是一组病因未明的精神疾病，具有思维、情感、行为等多方面的障碍，以精神活动和环境不协调为特征。虽然大量证据显示，各种类型的精神分裂症有着重要的生化原因，但从纵向（个人史的）和横向（现象学）的角度来看，精神分裂症同时也是一种悲惨的个人体验。沉重的发展压力影响着精神分裂症患者世界观的发展，使他置身于一种可怕而混乱的经验世界里。

从存在主义角度看，精神分裂症与死亡恐惧和"自我感"的丧失有关。例如，啥罗德·席勒斯就持这一观点，他在《精神分裂症与死亡的必然性》一文中写道：

> 表面上看，死亡的必然性是平淡无奇的事实，其实它是人类焦虑最重大的来源之一。对这一真实现状的情感反应，是我们所能体验到的各种感受之中最强烈、最复杂的。精神病性的防御机制，包括常常见于精神分裂症的怪异防御，是精心设计的，使个体在其内部和外部现实所引发的焦虑之中，不去觉察生命是有限的这一简单事实。

......

确实，精神分裂症可以看成是早年奇异的、扭曲的经验所造成的结果——主要是婴儿期和儿童早期；可是笔者认为，同样正确且对临床更为有用的是，把精神分裂症视为用早年学会的特定防御机制来适应当前的焦虑源。后者最能造成焦虑的就是生命有限的存在境况。笔者提出的可能假设是，精神分裂症源于逃避或否认人类处境的努力。

笔者希望说明，根据临床经验，死亡的必然性与精神分裂症的发生绝不仅仅是松散的相关，而是指向其核心。也就是说，不是病人脱离精神分裂状态，从而开始注意到原先潜伏在他视野边缘甚至视野之外的死亡必然性；而是刚好相反，病人之所以出现并处于精神分裂状态（当然是无意识的），就是为了逃避内在和外在的现实，不去面对生命的有限性。

下面再借《天龙八部》中的慕容复的情况来说一下精神分裂症与"自我感"丧失之间的关系。慕容复遇到了大量的挫折：一方面，他没能娶到西夏公主（被虚竹娶走了）；另一方面，他这个"南慕容"败在了"北乔峰"手下，竟然被乔峰像抓小鸡一样丢在少林寺众人面前，颜面尽失；此外，他又输给了书呆子段誉，失去了表妹王语嫣的心。就这样，他的"自我感"丧失殆尽，想不疯都难。

九、自恋型人格障碍

自恋型人格障碍是一种自我夸大的、需要他人赞扬且缺乏共情的心理行为模式。希腊神话中的那喀索斯是其原型：

> 那喀索斯是一位俊秀的青年——俊秀得使他爱上自己。自我吸引以致他无法爱上其他人。一天，他沉醉地凝视着自己在冥河里的倒影，在他俯身触摸自己的倒影时落入河中——淹死在孤芳自赏中。他消失在一片水域的深渊中，只留下一朵白色水仙花花瓣。

在实际中，自恋型人格障碍者稍不如意，就会体会到自我无价值感。他们幻想自己很有成就，自己拥有权力、聪明和美貌，遇到比他们更成功的人就产生强烈嫉妒心。他们的自尊很脆弱，过分关心别人的评价，要求别人持续的注意和赞美；对批评则感到内心愤怒和羞辱，但外表以冷淡和无动于衷的反应来掩饰。他们不能理解别人的细微感情，缺乏将心比心的共感性，因此人际关系常出现问题。这类人常有特权感，期望自己能够得到特殊的待遇，其友谊多是从利益出发的。

从存在主义角度看，自恋型人格障碍一方面与其缺乏"自我感"有关，另一方面是其运用"独特性"模式来逃避"死亡恐惧"和"孤独"。下面这位来访者的情况即是其例：

> 该来访者系25岁的女性，家属反映其：
>
> （1）在性格方面：比较内向，平时话语不多，比较自卑，总觉得自己是废人，看不到自己的价值，甚至会轻生。从初中到现在都存有逆反心理，家长无法跟她沟通，在思想、行为上都异于他人；
>
> （2）在生活上：因从小娇生惯养，导致现在拥有一种有求必应的想法，做事不计后果，天塌下来都不关她的事，从不考虑大人的感受，永远活在自己的世界里；
>
> （3）在工作上：不求上进，讨厌上班，脑子里老想着怎么请假，如果不准假就旷工；
>
> （4）在人际交往上：不尊重父母、长辈，与同事关系不融洽，不善沟通，身边没有正能量的朋友；
>
> （5）在恋爱上：总是追求外表，不切实际，在外人看来一文不值的男人（社会游荡、赌徒、无业游民），她却视为宝贝。总之，不惜一切代价（办信用卡、借高利贷），用金钱去收买，生怕被别人抢走，得到之后，希望对方永远在她的视线之内；
>
> （6）在消费上：无计划，大手大脚，不会合理安排，只要能搞到钱，都会想尽一切办法，从不考虑后果。
>
> 经过数次咨询后，来访者逐渐透露：她小时候曾由于调皮被母亲关在"漆黑的小屋"里数小时，父亲对她还算好，而母亲一直对她很严厉，不管

自己多么努力，都得不到母亲的肯定和表扬；中学期间因为自己成绩不错，得到了许多同学的崇拜；当初选择医疗行业只是为了治好父亲的肺病，自己的内心是一点也不喜欢的；一直以来很害怕一个人待着，尤其是晚上熄灯以后；一生中最美好的事是购物和聚会。

"存在性"痛苦与躯体疾病

> 躯体即是意识之所在；除此之外，它什么都不是。剩下的则是虚无和沉默。
>
> ——萨特

存在主义哲学认为，本体是创生一切又统摄一切的本原性的存在，是事物存在的最终的根据，是世界存在的基石、价值体系和信念的支柱，是人类认识活动的基础平台。米歇尔·福柯提出：

> 上帝在制造疾病和培养致病的体液时，与他在培养其他动植物时遵循着同样的法则。因而我们有理由相信，疾病也是一个物种，它如同植物一样有其自身的方式：生长、开花与凋谢；疾病也是一种生命，尽管我们一直认为它是一种紊乱，但却没有意识到疾病是一系列相互依存的并趋向于一个特定目标的现象，病理生命一直没有得到人们足够的重视。

福柯这段话与身心灵的疾病观一致：疾病是人的一种生命性状，展现了另一种生命状态，是有意义的。福柯进一步提出：

> 生命的合理性与威胁着它的东西的合理性完全同一。它们的关系不是自然与反自然的关系，相反，因为两者具有同样的自然秩序，因而两者相互契合，相互重叠。人们在疾病中辨认生命，因为对疾病的认识正是建立在生命的法则上。

荣格曾遇到过一个病人。该病人刚刚由于结肠胀气做了一次手术，切除了40厘米的结肠，但随之而来的却是再次明显的胀气。病人不顾一切地要求再做手术，外科医生却拒绝为他做第二次手术。可是，随着某些内在心理事实的发现，病人的结肠恢复了正常功能。

作者曾接诊过一位与"存在性"痛苦有关的类风湿性关节炎来访者：

> 该来访者系55岁的男性，因反复关节疼痛四处求治，后在上海某大型医学院的附属医院诊断为类风湿性关节炎，经过激素、免疫抑制剂、止痛药等治疗有效，但症状反复。有一次无意中在网上看到类风湿性关节炎属心身疾病，就抱着试试看的态度来做心理治疗。
>
> 经过了解，该来访者的疾病起因于8年前，独生女儿找了个对象，对方不愿做"上门女婿"，但当时同意让他们的孩子跟母亲的姓。1年后女儿在另一城市结婚，并育有一个儿子，但女婿迟迟不给儿子取名字。期间双方闹过许多别扭，女儿也因此差点与丈夫离婚。来访者此时开始出现全身关节疼痛，全家人也开始陪其走上四处求医之路……
>
> 开始时尝试认知行为治疗，但收效有限。后予以小剂量的阿密替林治疗，收效亦差。此后就中断心理治疗，他带着痛苦生活着。
>
> 半年前一次偶遇，他带着一个2岁的孩子在玩，谈起关节炎的情况，他说现在基本上没有症状了，"自己都不知道是如何好的"。问起旁边孩子的情况，他说是第二个外孙，跟自己的姓，言谈中露出满足的神情。

作者猜测，该来访者早些年的痛苦或许是来源于其对"自我"消失的恐惧。因为在中国的文化中，生儿育女的一大功能是让"自我"延续下去。

作者体会，许多躯体疾病都会涉及人的"存在性"痛苦，尤其是慢性疾病如偏头痛、高血压、糖尿病、肿瘤等。具体一些说，在躯体疾病的背后常常隐藏着职业上的问题，在职业问题的背后则常常隐藏着婚姻和家庭的问题，而与所有这些问题都密切相关的则是关于死亡、无意义、孤独和自由等基本的"存在性"问题。正如台湾许添盛医师针对癌症的治疗时所提出：

对癌症病人来说，真正该治疗的是受伤而绝望的心灵、自我放弃而孤绝的生活方式、缺乏人生目标的无望感、无法唱生命中最想唱的歌的失落感，药物、化学和放射治疗都只是辅助，它无法修复被杀死的细胞，也无法抑制癌细胞。

有关"存在性"痛苦与躯体疾病，作者已在"禅疗三部曲"中的第二部《唤醒自愈力：用禅的智慧疗愈身心》中进行了许多论述，有兴趣者可参阅。

第四章　禅学对生命"存在性"困境的认识

> 生活就意味着必须认识到我们每个人的存在蓝图……生活的意义……只不过就是每个人接受他的不可阻挡的环境,并且在接受它的时候,把它转变为自己的创造。
>
> ——奥特加·伊加塞

自佛陀创立佛禅学以来,历代禅师均以"了生死"、"获自由"为己任,开发出了不少疗愈生命的方法。可以这么说,整个禅学的发展史,就是深化对生命"存在性"困境认识和应对的历史。下面将从人生本苦、"存在性"困境是逃避不了的、"我"并不存在、"我"是一种"存在性"体验等方面探讨禅学对生命"存在性"困境的认识。

人生本苦

> 我们每个人都遭受着自己命运之苦。
>
> ——弗吉尔

人生本苦即四圣谛中的"苦谛"。禅学经典对"苦"的分类非常细致,通用的分类体系有三苦和八苦:

> 所谓三苦者,是对于三受而言。一切众生,在六道中,所受的境界,不出三类:即苦受、乐受、不苦不乐受,此三受悉皆是苦。苦受如饥痛、寒暑、贫病等,心身受苦时则生苦,是为苦苦。乐受如富贵寿考、花好月圆等,乐境变坏时则生苦,是为坏苦。不苦不乐受,虽然无苦,然而外则

四相迁流，内则诸想不断，是为行苦。欲界三苦俱全，色界只有坏行二苦，无色界只有行苦。

八苦者：一、生苦。在胎如处监牢，出胎如钻穴隙，是为生苦。二、老苦。眼昏耳聋，气虚体弱，是为老苦。三、病苦。四大不调，面黄肌瘦，是为病苦。四、死苦。疾痛丧生，水火殒命，是为死苦。五、爱别离苦。骨肉分离，魂牵梦萦，是为爱别离苦。六、怨憎会苦。恶眷败家，仇人见面，是为怨憎会苦。七、求不得苦。名利爱乐，图谋不成，是为求不得苦。八、五阴炽盛苦。五阴的作用炽盛，盖覆真性，故舍报之后，复须受生，是为五阴炽盛苦。上七苦是果苦，后一苦是因苦。

可以看出，无论是哪一种"苦"，均与"存在性"痛苦有关。佛经常用《黑白老鼠》的故事来描述这种"存在性"的"苦"：

一次，佛陀为胜光王讲了一个故事——

很久很久以前，有一个人在旷野中游走，被一头凶恶的大象追逐。游人惊慌失措，不知如何是好，恰好看到一口空井，井旁还有一棵大树，游人赶紧抓着树根，爬入水井藏身其中。

这时候有两只老鼠，一只白色，一只黑色，它们开始啃咬树根。

水井四边有四条毒蛇，正在吐着舌头；水井下面还有一条毒龙，正在向上张望。

游人心中畏惧毒蛇、毒龙，又担忧树根被老鼠咬断，真是进退两难，不知所措。

就在这千钧一发的生死时刻，从树上的蜜蜂窝中滴下五滴蜂蜜，不偏不倚落入游人嘴中。

游人顿时忘了一切恐惧忧愁，尽情品尝那甘甜的蜂蜜。

这时，由于树身晃动，蜜蜂四散飞下，开始刺蜇游人。

又不知从哪里来了一团野火，烧着这棵大树。

说完这个故事，佛陀又对胜光王说："旷野比喻无明长夜非常旷远，游人比喻凡夫众生，大象比喻无常，水井比喻生死险岸，树根比喻命根，黑白老鼠比喻昼夜，老鼠啃咬树根比喻生命念念都在消逝，四条毒蛇比喻地、水、火、风四大，蜂蜜比喻财、色、名、食、睡这五种欲望，蜜蜂叮蜇比喻邪思，野火比喻衰老疾病，毒龙比喻死亡。因此，大王应当明白，生老病死极其恐怖可畏，应当时刻保持警觉，不要被财色名食睡五种欲望所吞噬压迫。"

佛陀通过这个故事告诉我们，我们的人生与故事中旅人所处的场景相似，充满痛苦。

这种痛苦与现代心理学中的"压力"和"应激"类似。首先，我们日常生活中时刻会遇到各种刺激物，如早上被闹钟吵醒、去办公室/带孩子去上学遇到堵车、晚上回家后发现洗衣机需要修理、账单需要结算等；其次，我们还会遇到来自环境的压力，如冬天寒冷的天气、夏天炽热的太阳、各种噪音等；工作上和家庭中的压力也经常会遇到，如领导要求做你自己不看好的项目，截止日期快到而任务还没有完成，需要掌握一门新的专业技术，处理难缠的同事关系和亲戚关系……

在这些压力处境下，"战斗"或"逃跑"的应激反应会不时发生，如果处理不当，下面状况可能就会出现：

（1）生理层面：出现血液系统、骨骼肌肉系统、神经系统和免疫系统的病变或功能障碍，如惊慌反应、身体发紧、头痛、腰酸背痛和高血压；

（2）情绪层面：出现愤怒、易激惹、烦躁、抑郁、焦虑等应激反应；

（3）行为层面：无法集中注意力、不能专注于工作、不能维持良好的人际交往、工作滞后以及缺乏灵活性；

（4）认知层面：缺乏自信、不能自我肯定、缺乏热情、悲观。

"存在性"困境是逃避不了的

无论是女人还是男人，无论是懦弱还是勇敢，都不能避开他的命运。

——荷马

佛陀把"苦"作为四圣谛之首，说明这种"存在性"困境是无法逃脱的。下面就用佛陀出家前的传说来说明这种状况：

佛陀出家前名叫悉达多，是位于现在尼泊尔那个地方的一个王国的王子。按照当时的习俗，他的父亲请来婆罗门的僧侣为这个新出生的王子预测未来。由于当时没有类似于现代 Apgar 评分（阿氏评分，新生儿评分）系统，所以伴侣们只有去看王子身上有没有三十二相。他们在王子身上也完整地发现了这三十二相，从而得出结论，王子命中注定要成为世界上伟大的政治领导或者伟大的精神领袖。像很多父亲一样，悉达多的父亲当然也希望儿子能够子承父业。于是，国王想尽各种办法来防止悉达多对精神层面的一些东西感兴趣。为了达到这一目的，他要求悉达多只能待在皇宫里，但可以享用各种能给自己带来快乐的东西。国王这样做是基于这样的想法：如果自己的儿子不知道什么叫痛苦，他就不会有兴趣去做一个精神导师。

有时候王子坚持要出宫去看一看，在这种情况下，国王会命令将宫外一切有可能会引发烦恼的事物都隐藏起来。这就像我们现在每当要举办什么大型活动或领导来考察前都要把城市重新粉饰一番一样。然而，当王子渐渐长大之后，他不再那么听话了，并且充满了好奇心。有一天，在没有得到父亲同意的情况下，他说服了自己的一个随从带他到宫外去看一看。据说，在第一次偷偷出宫的过程中，年经的悉达多看到了一个老人。于是，他就问那个随从："这是什么？"

随从回答道："衰老。"

王子又问道："这种东西会发生在什么人身上？"

随从回答道："幸运的人。"

这个发现让王子感到有点不舒服，于是他回到了皇宫。在第二次偷偷出宫的过程中，王子和他的随从又看到了一个生病的人。王子便问道："这是什么？"

随从回答道："疾病。"

王子又问："这种东西会发生在什么人身上？"

随从答道："大多数的人。"

在第三次出宫的过程中，他们见到了一具尸体。

"这是什么？"王子便问道。

随从回答道："死亡。"

"这种东西会发生在什么人身上？"王子又问。

"每个人，我认为。"随从说。

这个时候，王子的心里再也不能平静了。他更加充满了想要了解这个世界的渴望。于是，他再次说服了那个随从再带他出宫一次。这一次，他们遇到了一个悠闲自在的出家修道者。

"这是什么？"王子问道。

他的随从大致是这样回答的："是一个想要找到办法来应对我们前几次所看到的那些情况的人。"

就这样，王子对快乐的幻想顿时破灭了。他不再满足于自己目前的生活。他想要找到一种如何来应对现实的生活方式。其实，我们也一样，除衰老、疾病和死亡不可避免外，还有无数各种各样的遗憾和失望会在我们无法得到想要的东西时出现。

因此，"存在性"困境是逃避不了的，这一点是显而易见的。如果能相对自然地走完生命旅程，那已是幸运。正如下面这则故事所说：

一个富翁要一个禅师来帮他写一些东西以祝福他的家庭来年快乐和昌盛。这个大师写道："父亲死、儿子死、孙子死。"富翁一看大怒："你为什么给我写这样痛苦的事？"

禅师回答道："如果你儿子死在你之前，那么会带给你的家庭无法承受的悲伤；如果你的孙子死在你的儿子前面，那么仍会带来无限的伤痛；如果你的家庭能够按我写的那样世世代代按顺序死亡，那将是生命自然的旅程。这才是真正的幸福和财富。"

"我"并不存在

> 忘记你个人的悲剧吧。我们从一开始就都受到了欺骗,在我们能够严肃地写作之前,你尤其会受到猛烈的伤害。但是当你受到这该死的伤害时,就利用它——不要和它一起欺骗。
>
> ——厄尼斯特·海明威

"无我"是禅学的核心理念之一,意指没有一个具体、实在的"我"。换句话说就是,"我"并不存在。这是世界上许多传统宗教的共同认识。例如,罕奇拉比讲过一个(犹太教)哈西德派的故事:

> 他没有清单和规则就活不下去。事实上,这个人自己进行思考都很困难,以至于他连晚上睡觉都犹豫不决,害怕他早上醒来时找不到衣服。一天,他又要列一份清单——手里拿着纸和笔,他准确地记下了他要穿的衣服放在哪儿了。第二天早晨,这个人非常高兴地查阅了清单,在前一天晚上放的地方找到了帽子、短衬裤、衬衫等。"非常不错,"他穿上衣服时心想,"但我现在在哪儿呢?我在世界的哪儿呢?"他看了又看,但只是徒劳,他不知道自己在哪儿。"这就是我们的状况所使然。"拉比说道。

事实也是如此,由于我们的大脑持续不断地将生命中的点点滴滴解读为各式各样的信息,这些信息在我们的内在和外在留下痕迹,久而久之,这些信息就被我们解读为"自我"。美国心理学家帕维尔 G·索莫夫认为:"自我是一种内在的自我描述的日志、是我们偏爱引用的自我描述的集合、是我们成就的履历等。自我意识是被加在我们身上的,因此是易被伤害的。一个小小的性格刺客就能让我们的自我概念血溅当场。"

世界著名和平运动家、思想家李承宪也提出了类似观点:"生命始于放空自我。"强调了将自己从"我"的束缚中解放出来的重要性。历代禅师对此都非常重视。例如,慧能禅师就是让惠明禅师内省"哪个是'我'"而悟道的:

惠明作礼云:"望行者为我说法。"
慧能云:"汝既为法而来,可摒息诸缘,勿生一念,吾为汝说。"
明良久,慧能云:"不思善,不思恶,正恁么时,哪个是明上座本来面目?"
惠明言下大悟。

如果我们对"我是谁"进行逻辑思考,就会发现,从镜子里、从他人的看法里、从社交反馈里、从公众意见里、从你的生活环境里、从你的关系状态和角色里、从你的物质财产里,是找不到"我"的。同样的,从自己的想法、情感、自我定义、语言、事件和生物学数据中,也是找不到"我"的。正如帕维尔 G·索莫夫所提出:

我不是物理之镜;
我不是他人对我的看法、反应和期待;
我不是我自己的思维或意识内容;
我不是我的想法、情感、感觉或记忆;
我不是我的语言,也不是任何对自身的概念性定义,或者任何形式的自我描述;
我不是"我"这个词,同样我也不是任何其他的字,我不是我的名字或故事;
我不是任何时间点;
我不是我的过去、成就、事实或历史;
我不是我的潜能或未来;
我不是我的社会背景;
我不是我所有的、所创造的或所支配的东西;
我不是我的关系状态或角色;
我不是我的躯体、年龄或外表;
我不是任何事物;
我不是这个,也不是那个。

在电影《搏击俱乐部》里,泰勒对此也有一段精辟的论述:

你的工作不能代表你自己,
你的银行账号不能代表你自己,
你开的车不能代表你,
皮夹里的东西不能代表你,
衣服不能代表你,
你只是芸芸众生中的一个。

"我"是一种"存在性"体验

确实有一些无法用词语表述的事情,它们使自己表现出来,它们就是神秘的东西。

——维特根斯坦

既然"我"并不是具体的某种东西,那么,在世界上独一无二的,能思考、能感觉、能讲话的,被称为"我"的,到底是什么呢?

在禅学中,这个具有"存在性"的"我"往往被称为"自性"、"真我"、"佛性"、"真性"、"真如"。例如,月称禅师就将"我"定义为"不依赖于外在的本质,纯粹的真性"。佛陀在关于"四个老婆"的故事中说得更为明确:

有个富商共娶了四个老婆:第一个老婆伶俐可爱,整天陪着他,寸步不离;第二个老婆是抢来的,是个大美人;第三个老婆沉溺于生活琐事,让他过着安定的生活;第四个老婆工作勤奋,东奔西忙,使丈夫根本忘记了她的存在。

商人要出远门,为免除长途旅行的寂寞,他决定在四个老婆中选一个陪伴自己旅行,于是把自己的想法告诉了四个老婆。第一个老婆说:"你自己去吧,我才不陪你呢!"第二个老婆说:"我是被你抢来的,本来就不甘心情愿当你的老婆,我才不去呢!"第三个老婆说:"尽管我是你的老婆,可是我不愿意受风餐露宿之苦,我最多送你到城郊。"第四个老婆说:"既然我是你的老婆,无论你到哪里我都跟着你。"

于是商人带着第四个老婆开始了旅行。

最后,释迦牟尼说:"各位,这个商人是谁呢?就是你们自己。"

在这则故事里,第一个老婆就是指肉体,死后还是要与自己分开的;第二个老婆指财产,它生不带来,死不带去;第三个老婆指自己的妻子,活时两个人相依为命,死后还是要分道扬镳;第四个老婆是指自我本性,人们时常忘记它的存在,但它却永远陪伴着自己。换句话说就是,只有"自我本性"才是真实的自己。

这个"自我本性"又是什么呢?

维韦卡南达提出:"人类首先由外在的覆盖物组成,也就是我们的身体。其次,更好的身体,由头脑、智力和利己主义组成。而在一切之后,才是真我。"存在主义哲学家和心理学家们认为,"存在先于本质"。因此,这里的"自我本性"、"真我"是一种"意识状态",是一种"存在性"体验,是一个持续建构的过程。也就是说,比起名词来说,"我"更应该是一个动词"我是"而非信息的"自我"。存在主义哲学家萨特所说的"我是我的选择"、"我是我的自由"即是此意。分析性心理学家卡尔·荣格在回忆录中对此也有一段精辟的论述:

我走在去学校长长的路上。突然在某个时刻,我感到自己从一片迷雾中清醒。我在当下明白了:我就是我自己。就像一团厚重的迷雾在我背后,那迷雾后面并没有一个"我"存在。就在这个时刻,我遇见了我自己。当然,在此之前我也是存在的,但是所有的事情仅仅是发生在我身上。而现在我明白,我是我自己,我是存在的。之前的我是遵从别人的意愿去做事情,现在,我要遵从自己的意愿。

美国整合哲学家、超个人心理学家肯·威尔伯也提出类似观点:"自我并不是某个角色,因为自我是对这些角色的纯粹觉察,因此可以在任何情况下超越任何角色";你是"纯粹的觉察,是不为思绪、情绪、感受和欲望所动的正见";"我是那仅存的纯粹的觉知"。下面再借故事《人与上帝间的对话》来说明"'我'是一种'存在性'体验":

> 一个人死了……当他意识到后,他看见了上帝提着手提箱走近他。
>
> 上帝:好吧,孩子,该走了。
>
> 人:这么快?我还有很多计划呢……
>
> 上帝:抱歉,但是的确该走了。
>
> 人:你那个手提箱里有什么?
>
> 上帝:你的所有物。
>
> 人:我的所有物?你是说我的东西……衣服……钱……
>
> 上帝:那些东西从来不是你的,它们属于地球。
>
> 人:那是我的记忆?
>
> 上帝:它们属于时间。
>
> 人:那是我的才华?
>
> 上帝:不,它们属于事件情境。
>
> 人:是我的朋友和家人?
>
> 上帝:不,孩子,他们属于你人生旅途的经路。
>
> 人:是我的妻子和孩子?
>
> 上帝:不,他们属于你的心。
>
> 人:那一定是我的身体了。
>
> 上帝:不,不……它属于尘土。
>
> 人:那肯定是我的灵魂。
>
> 上帝:孩子,你错了,你的灵魂属于我。
>
> 人:……
>
> 人眼含泪水,满怀恐惧地从上帝手里拿过箱子,打开了它。
>
> 人:空的!
>
> 人泪流满面地问上帝……

人：我从来不曾拥有任何东西吗？

上帝：是的，你从未拥有过任何东西！

人：那么，什么是属于我的？

上帝：你的时刻，每一个你活着的时刻都是你的……

第五章　现代心理疗愈系统中的禅学智慧

> 禅宗佛教作为对西方过分个体化的意志与意识的一种矫正措施,已经具有,并且将继续具有根本意义。
>
> ——罗洛·梅

与东方的禅学智慧相似,所有西方心理治疗体系都是在探索自我痛苦的成因,想了解心理苦恼的来源是什么。因此,他们之间具有很多的相似性。又因为它们产生于不同的文化系统,他们之间可产生许多互补。可以这么说,如果整合地运用禅学智慧与现代心理疗愈系统的知识和方法,对解决人类心灵的痛苦必将带来更大的帮助。

下面将就行为主义治疗、精神分析/分析心理学、存在主义治疗、人本主义治疗、情绪聚焦疗法、辩证行为治疗、接纳与承诺理论等现代心理疗愈系统中的禅学智慧进行论述。

行为主义治疗中的禅学智慧

> 人天生就是行动的而不是思索的。
>
> ——谢林

行为主义被称为心理学的第一势力,从18世纪末期的巴甫洛夫开始,到20世纪四五十年代美国心理学界的动物实验达到鼎盛时期。行为主义学派的焦点在于科学上的可观察性,也就是学习和行为。从目前的临床看,行为主义两大著名的临床产物——行为治疗和认知治疗都占有重要的地位。例如,行为治疗是恐惧症的治疗方法之一,认知治疗对某些类型的抑郁症比较有用。

传统的行为主义比较重视外在可观察的现象，而不管黑匣子——大脑中的动机，这种方法与禅学中的禅师授徒的模式类似。因为禅学中的学习强调"不问究竟、只管实践"，"少用'脑'想、多用'心'体验"。例如：

> 僧人问："怎么样才能说出那个真理的秘密？"
> 赵州禅师咳嗽了一声。
> 僧人急着问："莫非就是这个？"
> 赵州禅师笑着说："老僧咳嗽一下也不行吗？"

经过发展，行为主义的观念更接近禅学语言。它把痛苦归因于人所接受的条件作用，人学习（或形成条件反射）以错误和非理性的方式来感知、思考、对情境做出反应，从而产生负面的感受、抑郁、焦虑和痛苦。通过重新学习以建立新的条件反射，就可以克服旧有的学习模式。这与禅修训练中的"止禅"类似，通过不断地培养"专注"的能力，"自动对话"和原有思维模式就会发生改变。

需要注意的是，尽管禅学智慧与行为主义疗法具有上述共性，但两者的区别还是明显的。禅学智慧强调通过禅修，最终脱离所有的条件反射，消灭"二元对立"，领悟"空性"，达到"圆融"的状态。而行为主义疗法不可能达到如此境界，往往只是以新的条件反射代替旧的条件反射，最多能得到新而较好的、具有一定适应力和弹性的状态。例如，一个本来对桥感到恐惧的人，可以学会放松地过桥；一个因为事业失败而认为自己是世界上最糟糕的人，甚至严重抑郁到想自杀的地步，只要认识到人总会犯错或许抑郁就会减轻。但绝不可能达到禅学里的灵性体验。

作者曾治疗过一例神经症来访者：

> 该来访者看到坟就怕，不敢乘电梯，不敢坐车，患有"恐高症"……开始治疗时运用行为疗法，治疗师教会她放松术，对她实施了脱敏疗法，有些帮助。但她的恐惧内容经常改变，她自己从《脑锁》中学会了"对付强迫的四步法"，每当脑中跳出令人恐惧的念头时就告诉自己："这是骗子"

或"强迫念头来了",然后重新聚集到其他事情上。这一方法能让她当时好受一些,但头脑中的念头仍然很多。此后通过修习禅学中的"接受死亡"、"正念"/"内观"等方法,这些念头逐渐减少。用她自己的话说是"真的改变了"。

因此,如果把禅学智慧与行为主义疗法结合着使用,疗效将会更满意。

精神分析/分析心理学中的禅学智慧

人身上,以及心理本身,生来就存在着朝向一致性的"驱力",也就是,想要获得体验的增加以及这种体验的整合的需要。因此,生命不仅仅是一系列随意的、杂乱的事件和观察,而是拥有形式和潜在的意义。

——胡塞尔

自弗洛伊德创立精神分析学派以来,心理学界开启了人类对灵性的认识。精神分析学和荣格创立的分析心理学又被称为深度心理学,它们都通过自我向潜意识寻找答案。

它们的理论认为:表层受限的自我会切断自身深层来源的联结,导致心灵的痛苦、不真诚的存在、防御机制、狭隘的意识、虚假的自我;疗愈、完整、整合、凝聚或健康都有赖于自我重新联结到深层的来源。这些认识与许多禅学观点相似。

下面从各种角度对禅学智慧与精神分析/分析心理学的交会和相异进行分析。

一、精神分析中的禅学智慧

(一)"童年创伤"、"潜意识"与"业"、"末那识"

弗洛伊德学派认为,成人受到童年期的决定性影响、梦是有意义的、许多感受和冲动对生活的影响是不受理性和意识"自我"控制的,我们都有潜意识的防御以抗拒这些感觉。

经典精神分析学派还认为，父母由于自身的创伤，无法处理小孩的创伤；小孩需要保持自己在家庭系统中的位置，于是压抑自己的感受和痛苦，在一段时间之后，就意识不到这些感受和痛苦了。孩子长大后形成长期紧绷的身体姿势，不断重复类似事件，以致成人后仍然以幼时的防卫姿态生活。内心状态的压抑和其他逃避的防御机制，就成为内在分裂、心灵痛苦和冲突的根源。

经典精神分析学派所提出的"童年创伤"和"潜意识"发病观，与禅学中的"业"、"末那识"相类似。

"业"指的是主宰轮回的动力，或驱使造作的力量，又称"业力"、因果报应。佛禅学认为，个人所造的善、恶诸业，往后必招感相应的苦、乐果报。"童年创伤"导致的成年痛苦在佛禅学中称为"顺现受业"。

"末那识"是意识的根本，其本质是恒审思量。因为它是执取第八识（阿赖耶识）的见分或其种子为我，使意识生起自我意识，所以末那识又称为"我识"。这基本上是一种"我执"的作用，由此而形成烦恼的根本。这种"我执"的具体表现是，我的具体生命在过去、现在、未来所思想、所经验的东西，有其余势，以种子的形式，摄藏于第八识的阿赖耶识中。"末那识"在下意识层面执取这些种子，以之为我。因此生起贪、瞋、痴、慢、疑等种种烦恼。

（二）关于"自我"

据约翰·英格勒研究，精神分析的客体关系理论与佛禅学在描述"自我的本质"时的方式相似：在内在生活和外在现实间适应和综合的过程，因而在身为一个"自我"（Self）所感受到的经验中，产生个人的持续感和相同感。约翰·英格勒还提出：

> 在两种心理学中，"我"（I）的感觉（也就是关于个人的单一性和持续性，在时间空间和跨越各种意识状态中相同的"自我"）被视为某种并非人格中与生俱来的东西，并不是我们心理或灵性的固有结构，而是从我们对客体的经验逐渐发展出来的。自我是从客体经验建构出来的，我们所认为的自我，觉得如此真实存在的自我，其实是内化的形象，是一个混合体的呈现，是过去与客体世界相会的选择性"记忆"和想象出来的"记忆"所构建的。事实上，自我被视为是每一瞬间不断重新建构的，不过，两个体

系也都同意平常并不是以这种方式来检验自我的。自我感的特征是觉得具有时间上的连续性，拥有经过一段时间仍然不变的感受。

可以看出，精神分析中的客体关系理论和佛禅学都把"自我"看成是一连串的表现，是持续不断的建构过程，是一连串快速变动的非连续表象。这些表象在心智中移动的速度极快，所以才有一个稳定、持续不变的自我，但这种自我感其实只是一种错觉，是一种由许多影像快速闪过而建立的幻象。换句话说，"自我"只是一种"存在性"体验。《金刚经》提出的"过去心不可得，现在心不可得，未来心不可得"正是对此所作的最好概括。

进一步分析可发现，这种"自我"属于禅学"八识"中的前"六识"范畴。它们分别是：

（1）眼识：我们的眼睛能看到各种各样的东西，就是眼识的功能；
（2）耳识：耳朵具有听的功能；
（3）鼻识：鼻子具有嗅觉；
（4）舌识：舌头具有味觉；
（5）身识：身体具有触觉的功能；
（6）意识：意识具有认识抽象概念的功能。

其中，前五识是感识，认识具体对象，有一识起作用，意识便同时俱起。

（三）精神分析与"灭苦"

约翰·英格勒曾把禅学中的"苦苦、坏苦、行苦"与精神分析中不同层次的客体关系进行了对照：

1. 苦苦：或曰"普通的痛苦"，相当于在稳定的自我结构和完整的客体关系中，因为冲动和禁止两者所造成的神经质冲突，也相当于"人类平常的不快乐"。弗洛伊德曾说，可以借此解除精神官能症的痛苦。

2. 坏苦：或曰"改变所造成的痛苦"，相当于边缘型疾病和功能性精神病。这时的核心问题是自我连续感的困扰、驱力和情感的波动、"自我"

状态的对立和解离、缺乏稳定的自我结构,以及缺乏与客体世界的持续关系。在这个层次的人格结构中,对脆弱的自我最深切、最广泛的威胁,就是改变,比认同的形成和客体的持续性更为重要。

3. 行苦:或曰"因缘所生的痛苦",对西方心理学来说,这种弥漫在人格结构所有层次之中,包括正常和不正常都会有的痛苦,是全新的精神病理范畴。

可以看出,精神分析中不同层次的客体关系与禅学中的"苦谛"相似。

弗洛伊德曾经说,精神分析的目的是把神经质的痛苦减轻成一般的不快乐。这种观点与禅学四圣谛中的"灭谛"又是何其相似。

(四)敏锐的觉知

精神分析和修禅都由逐渐敏锐的知觉来推进。例如,精神分析在处理移情作用时,会越来越注意来访者和治疗师之间的感受、表象、知觉的细微差异。在这个过程中,会因为细腻地注意当下的关系而进入此时此刻,使知觉更为精细而说出来访者对关系的经验,并可因此重新经历童年的致病感受和经验,因而达到疗愈的目的。这种使知觉精细的过程正是修禅过程的部分:敏锐地注意当下的思想、感受和知觉经验,使头脑中的念头由粗逐渐变细,最终达到超越的境界。

也就是说,觉知能力的强化、细腻的内心状态的说明和分化是精神分析和禅修的共性。

当然,他们在觉知的范畴或许有些不同,精神分析探索的焦虑是自我的匮乏状态,而禅学探索的是以成熟自我为起点的超越状态。

(五)面对一切发生的事

精神分析师运用"自由联想"、"均匀悬浮注意"等"揭露"技术,要求来访者不经检查地说出所有感受或想法。同样地,禅学中的"正念"/"内观"也强调觉察意识升起的每一种内容的重要性,不可对这些想法、感受和表象进行谴责或辩解,也不可压抑或逃避。

(六)时间取向

禅学智慧强调"当下",不可执着过去,也不可执着未来。禅修的主要内容往往是详细地探索当下。这一点与早期的精神分析差异较大。自弗洛伊德开始,精神分析学派很长一段时间都认为:"详细检视过去是治疗的关键",从而把注意力焦点过度地放在了过去。现在精神分析已改变了这种状况,在处理移情作用的过程中非常重视治疗师和来访者在此时此地的沟通细节,开始接近"人际禅修"。

二、荣格分析心理学中的禅学智慧

(一) 集体潜意识与阿赖耶识

荣格学派在解释人类"存在性"困境时,认为自我的痛苦和烦恼来自潜意识的分裂,自我由于创伤、压抑、有缺陷的自我结构、学会逃避痛苦和焦虑的防卫而一直与自身分裂。

他提出的潜意识除了弗洛伊德所说"欲望翻腾"的本我之外,还包括了神话、原型、灵性能量的集体潜意识。原型的实例包括神圣孩童、母亲、处女、巫婆、战士、魔法师、愚人、受过伤的疗愈者、国王、皇后、智慧老人或老妇等。在佛禅学中,许多这些形象都有类似的存在。例如,佛陀在悟道前夕所遇到的魔罗,即是集体潜意识中的原型。

从宏观的角度看,荣格学派所说的集体潜意识与禅学中的"阿赖耶识"颇为一致。因为,在禅家看来,阿赖耶识又被称为"藏识",是本性与妄心的合体,含能藏、所藏、执藏三义,是一切善恶种子寄托的所在。一切众生,每一个起心动念,或是语言行为,都会造成一个业种,这种子在未受报前都藏在阿赖耶识中。

(二) 自性/自身与佛性

自我是个错综复杂的因素,是一切意识行动的主体,由经验造就的人格组成。如果疗愈停留在"自我"的层面,就会显得比较肤浅。荣格看到了这种不足,提出了自性/自身(Self)的概念。他在书中写道:

> 虽说自我的基础是无限的,但和意识一样是一个整体。在理论上,自我这个有意识的因素,可以被完整地描述。不过,各种描述就算合起来,也永远无法画出一幅有意识的全景。那些不为主体所知的特征将被忽略,

而一幅全景必将囊括所有因素。即便在理论上，人格的全部描述也是绝对做不到的。因为它的无意识部分是无认知能力的。经验清楚地告诉我们，这无意识的部分绝非无足轻重。相反，一个人最为关键的品质，恰恰总是无意识的，只可被他者察觉，或者借由外力被艰难地发掘。

显然，完整的人格与自我并不一致，或者说与有意识的人格并不一致。人格形成了一个有别于自我的实体……我建议把这种全部的人格称作自性/自身。

那么什么是自性/自身呢？荣格进一步提出：

在经验特性描述的基础上，自性成为"联合"与"总体"那至高无上的理念之后的表象，为所有一神论及一元论体系所固有。

自性会出现在从至高到最低的所有状态中，因为自性如同守护灵一样，超越了自我人格的范畴。

自性指的是那个像"真我"，像"道"那样不仅在我之中，而且也在所有人之中的东西，它是心理的总和。

为了使人更加明白自性的含义，荣格借《广林间奥义书》里的内容来描述：

彼居万物内中者，而有异于万物，为万物所不知，而以万物为身，于万物内中管制之，此即汝之性灵，内中主宰，永生者……外乎彼，无见者也。外乎彼，无闻者也。外乎彼，无思者也。外乎彼，无识者也。是即汝之性灵，内中主宰，永生者！——而有异于彼者，是则苦矣！

可以看出，荣格所说的自性/自身与禅学中的佛性的含义相近，都具有"完整性"、"超越性"等特性。正如佛经所言：

佛言：善根有二：一者常，二者无常，佛性非常非无常，是故不断，名为不二；一者善，二者不善，佛性非善非不善，是名不二。蕴之与界，凡夫见二，智者了达其性无二；无二之性，即是佛性。

此外，自我就是某种包含一切的总体（自性／自身）的表征，自我与自性／自身的关系有如禅学中的假我与佛性的关系。所罗门·特利斯莫辛对此作了最为清晰的表述：

> 去研究你的真性，
> 你只是它的局部，
> 你认识到的这一你，
> 才是你的真实的你。
> 所有外在于你的，
> 同样也内在于你。
> 特利斯莫辛如是说。

（三）不用"脑"思考，而用"心"体验

荣格在美国游历时遇到一位印第安酋长。酋长对他说："白人全都是疯子。"荣格问为什么，这位酋长对他说："白人说他们用头脑思考。""难道不是吗？你用什么想问题？"荣格感到很困惑。酋长用手轻抚胸口，说："我们用心。"

这一理念在荣格的著作中表现得非常充分，例如：

> 一个人会觉得自己拥有了某一件事物本身，这是幻觉之源。实际上，人不过拥有万物的名字，尽管人们长期误以为名字魔法般地表征着万物，叫出名字就可以理所当然地设想其存在。几千年来，拥有理性大脑的人们一直有机会看穿这种自负，明白这种自负一无是处，但这并没有阻止人们从智性上掌握事物，仅仅接纳事物的表面价值。我们的心理经验充分表明：对心理学事实的智性"理解"，产生的不过是其概念；而一个概念无非是一个名字，一种"声息"。这些智慧性上的"计数器"，可以被轻易地四散传播。它们一传十、十传百，毫不费力，因为它们没有重量或实质。它们看起来圆满，实际上是空的；它声称指派给我们重责大任，其实将我们交付

于虚空。毋庸置疑，智性在其自己的领域中是有用的，但当它试图操控价值时，却像个智性的诡话家和幻术师。

荣格在书中对所谓的纯理性主义批判道：

> 对某些标榜启蒙理性的知识分子来说，一种把问题予以简化的科学理论乃是最好的防御手段，因为现代人对任何贴有"科学"标签的东西都具有最大的信心。这一标签可以立刻使你心情平静，几乎就像当年的"罗马说了一切就已经定了"一样。而我却认为任何科学理论，不管多么精致，从心理学的角度看，其价值都不如宗教教义。而这只是由于这样一个简单的理由：一种理论必然是高度抽象和绝对理性的，而宗教教义却通事实……宗教教义对心理表达比科学理论对心理的表达更为完整。因为后者表达了自觉的意识。

这种观点完全与禅学理念吻合。参禅学公案、话头的主要目的就是打破理性思维。例如，对于禅门公案"只手之声"，如果你用思考，那不可能有解的。

（四）关于"完整性"

在荣格的理论体系中，充满了大量"完整性"这一术语，他把"完整性"视作人类心灵的共同追求。例如，他在书中提出："心灵的'更新'并不意味着实际上的意识改变，而是一种原初状态的恢复，一种复原。这与心理学的实证结果一模一样：'整体性'原型始终都是存在的，但很容易从意识的范围中消失，或全然未被觉知到，直到人们在基督形象中认出它来。"

荣格认为，任何人都存在人格的阴暗面（阴影），男女是一体的，男人体内存在女性成分（阿尼玛），女人体内存在男性成分（阿尼姆斯），这些成分无法忽略或逃避，否则，就有可能会导致束缚，甚至悲剧。例如：

> 如果一个个体没有整合潜意识中的阴影，他会把自己和他人的生活搞得一团糟，却无力看到整个悲剧的根源就在他自己身上。当然，他并非有意识的。他有意识所为的乃是忙着咒骂这个无信的世界和周围同伴，

咒骂他们与自己日渐疏离。最终，他被自己无意识因素纺织的幻象牢牢困住。

"完整性"、"消除二元对立"也是禅学的核心理念。例如，赵州禅师用"万法归一、一归何处"来提醒学人不要有分别心。

此外，荣格非常重视直觉能力的培养、运用"积极想象"来沟通"意识"与"潜意识"，这与禅修过程基本一致，作者已在《唤醒自愈力：用禅的智慧疗愈身心》中进行相应论述，有兴趣者可参阅。

存在主义治疗中的禅学智慧

但是除了一个人生活中那种简单和谐外，幸福又会是什么呢？
——阿尔贝·加缪

禅是东方人的存在主义，存在主义是西方人的禅。
——包祖晓

存在主义取向治疗起源于欧洲的存在主义哲学和现象学运动。存在主义哲学的创立者克尔凯郭尔认为：存在的基础是生命与死亡之间的对话；面对无可避免的死亡时，人类的反应通常是担心、恐惧；对这种恐惧和担心的反应可以是灵性的、超个人的，那就是信心。经过尼采、萨特等不信灵性实相者的发展，存在主义脱离了神学理论，开始关注身为人类的真实"生活经验"。

20世纪40年代开始，存在主义取向治疗在美国得到了空前的发展。当前的存在主义疗愈者普遍认为，人类的基本处境是恐惧、焦虑、死亡的觉察，意义的缺乏，害怕为自己的行为和选择承担责任。逃避这些核心经验会导致不真诚的存在，不愿直接面对自己的经验，从而转向肤浅的琐事，比如在工作、关系、药物、娱乐中失去自我，以避免面对存在的痛苦和生命本然的恐惧。

相应的，存在主义的主要治疗措施是以真诚的存在取代不真诚的存在，正面迎向存在的处境，掌握关键主题：责任、选择、死亡的觉察、意义的缺乏、存在的焦虑以及孤独，使人能放下不真诚的琐事，去面对死亡、适应存在的孤独与焦虑，为自己做出选择并负起责任。在此过程中，可以创造有意义的生活，真诚表现自己的价值和信念，并承认人类处境与生俱来的痛苦。

可以看出，存在主义这些理念与禅学智慧存在着惊人的相似。正如罗洛·梅所说：

> 最后，我们还需要注意存在主义与诸如老子的著作、佛教禅宗等所表现出来的东方思想之间的关系……
>
> 在佛教禅宗中，我们同样也会震惊于它们之间的相似性。这些东方哲学与存在主义之间偶然的相似要深刻得多。两者都关注于本体论和关于存在的研究；两者都寻求一种与在主观—客观分裂之下切开的现实的联系；两者都坚持认为，西方这种对征服自然并获得战胜自然的力量的专注，不仅导致了人与自然的疏远，而且间接地导致了人与自身的疏远。出现这些相似性的根本原因在于，东方的思想从来都没有遭受这种已经成为西方思想之特征的主观与客观之间的彻底分裂，而这种两分法正是存在主义试图克服的。

我认为，从某种程度上可以说："禅是东方人的存在主义，存在主义是西方人的禅。"下面从各种角度对禅学智慧与存在主义的相似性进行分析。

一、活在当下

把当下视为唯一的事实是存在主义治疗取向的主要特征。与精神分析重视过去不同，存在主义治疗取向的时间架构是横向的，也就是说，所有力量都被视为当下此刻的行动。

存在主义治疗师认为：过去以记忆、历史、懊悔等存在于此时此地，可是回忆时，我们是在当下进行回忆；未来以期待、希望、预演、担心等存在于此时此地，可是想象未来时，我们是在当下想象。

禅学智慧也强调把时间焦点放在此时此地，相关论述在禅学典籍中非常丰富。下面举两例来说明：

云门文偃禅师对大家说:"十五日以前,月亮还没圆就先不问你们;十五日以后,月圆了,告诉我,这是什么样的境界?"

大众无言以对,云门替大家回答说:"日日是好日。"

雪庭元净禅师在法堂上说:"开悟的人,过一万年就像一天那么逍遥;没悟的人,过一天却像一万年那么长。"

禅修过程即是训练活在当下的能力,如果念头跑到过去,轻轻地把它拉回当下这一刻;如果念头跑到将来,还是轻轻地把它拉回到当下这一刻。

二、觉察

存在主义取向治疗的主要途径和目标之一是:通过以觉察作为实际经验的核心和关键,使人能自由地进入经验。例如,"此时此刻我觉察到……"强调觉察的内容,使之更为生动,这类似于"说话的禅修"或"正念地说话"。

存在主义取向的治疗师倾向于把人视为当下的整体,直接处理创伤和防御,使来访者不再分裂而能完全地进入当下的经验。即使什么也没有经验到,但完全地投入仍然有强大的疗愈作用。这与禅学中的正念禅修相似,只是去观照。

三、重视躯体感觉

许多存在主义治疗师喜欢在治疗过程中运用冥想的技术,让来访者注意躯体的感觉,向当下经验敞开,而不陷入幻想的心理世界。用皮尔斯的话说就是:"丢掉脑袋,唤醒感官。"施奈德非常擅长此道,称之为引导冥想或具身冥想:

> 这种方法被证明对许多来访者都很有效,特别是对那些斗争过分理智化的来访者。具身冥想开始时是一个简单的基础练习,比如有意识地呼吸或渐进式放松(通常需要闭上眼睛)。然后,邀请来访者去感觉他或她的身体。治疗师可能会问来访者,身体的什么地方感到紧张(如果有的话)?如果来访者确认了一个经常紧张的地方,治疗师会要求来访者尽可能丰富地、具体地描述紧张的地方在哪里?那里感觉如何?接下来,如果来访者

能够继续沉浸其中，治疗师会邀请他或她把手放在那个不自然的部位。下一步，治疗师会鼓励来访者去体验这个部位。一些提示性的语言可能非常有治疗效果，如"当你去接触身体的这个部位时，有什么感觉、感受或形象浮现（如果有的话）？"……

可以看出，这具身冥想与修禅过程的"观呼吸"和"观躯体感受"相似得令人惊讶。

四、真诚

存在主义治疗强调"在场"的培养。所谓"在场"，是指"在……面前"。罗洛·梅提出："对他人存在（being）的领会，会根据我们对他特定事情的不同理解，而发生在十分不同的层面上。"为了"领会来访者的存在"，并最终帮助来访者"领会自己的存在"，治疗师必须完全地、真诚地在场。

直白地说，存在主义治疗强调治疗过程的人性化，治疗师和来访者间需建立对等、相互、人对人的关系。用皮尔斯的话说就是："我－你"关系。

这种关系与禅学中的慈悲相类似，不把来访者完全视为"他者"。

其他疗愈系统中的禅学智慧

> 生命与生俱来就是有意义的，然而这并不能保证生活是轻松自在的。
> ——Emmy van Deuren

禅学智慧除与上述主流的疗愈系统密切相关外，还体现在许多其他疗愈系统中。下面进行简要介绍。

一、人本主义治疗中的禅学智慧

人本主义发端于20世纪50年代，被称为心理学的第三势力，代表人物主要有卡尔·罗杰斯和亚伯拉罕·马斯洛。

卡尔·罗杰斯提出了"以来访者为中心"的原则，强调无条件地接纳。根据罗杰斯的观点，无条件积极关注是心理治疗的前提，它主要表现为心理咨询师对来访者的态度。即无论来访者的品质、情感和行为怎么样，咨询师对其都不做任何评价和要求，并对来访者表示无条件的温暖和接纳，使来访者觉得他是一个有价值的人。这与禅学中"慈悲"的理念一致。

亚伯拉罕·马斯洛发现人的需求是有层次的，当较低层次的需求得到满足后，较高层次的需求就会浮现，使人走上自我实现的旅程。例如，满足了食物、衣服、安全感和归属感的基本需求后，就会产生高层次的需求，比如自我价值感、有意义的工作、独特能力的发展，促使人实现自己的潜能，达到创造力和自我呈现的崭新层面。而根本的活动就是成长，当人进入更大的分化和个体化，就得以展现新的能力与天赋。

这个观点强调了身心的全面性和有机结合，与禅学中关于身心关系的认识相似。在禅学中，身体被认为是由五蕴构成，是"皮囊"，不可执着，而要把精力放在"心"的解脱以及对佛性、空性的领悟与追求上。正如下面这则禅学语录所示：

牛驾车。车喻身体，牛喻心。成佛是心行，不是身行！牛车前进，是牛行，不是车行！故此，车若不动，打牛不能打车！人要成佛，必靠修心，不能靠修身。打错了对象，车不能前进。修错了对象，人不能成佛！

亚伯拉罕·马斯洛在研究自我实现者的高峰体验后提出："自我实现意味着充分地、活跃地、无我地体验生活，全神贯注，忘怀一切。"这是修禅者实实在在的禅悟境界，是一种无我状态，是一种与宇宙合一的完整生命。

二、情绪聚焦疗法中的禅学智慧

情绪聚焦疗法由加拿大心理学家莱斯利·S·格林伯格创立，他认为，"信任和接纳的人际关系是治疗效果的关键成分"；"帮助他们更多地觉察到情绪并且体验情绪好像是最关键的，而不仅仅是谈论情绪"。

在情绪聚焦治疗实施过程中，格林伯格尤其重视觉察的价值：

当人感受到热或冷，或感受到大东西或小东西时，需要留意他的情绪经验……如果你开始为情绪贴上标签，并注意到感受的位置，如"我的胸部感觉到发热"，注意到感觉的强度和形象；如"像个圆球"，川流不息的情绪就会慢慢平静下来。

可以看出，这种觉察过程，简直就是禅学中"观禅"的具体操作。

三、辩证行为治疗中的禅学智慧

辩证行为治疗由玛沙·莱恩汉研发，该疗法能加强一个人在不失去控制或做出破坏性行为的情况下处理困扰的能力。它有四种核心技巧：

（1）痛苦承受技巧，帮助人们通过建立良好的心理弹性以更好地应对痛苦的事情，并且教你缓和消极环境因素影响的新方法；

（2）正念技巧，帮助人们忽略过去的痛苦经历和未来可能发生的恐怖事情，从而更充分地体验当前的经历；

（3）情绪调节技巧，帮助人们更清楚地认识自己的感受，然后体察每一种情绪而不是被他们左右。目的是用非对抗的、非破坏性的方式来调整自己的感觉；

（4）人际效能技巧，给人们新的方式来表达自己的信念和需求，设定原则，协商解决问题的方法——其前提是维护你的社会关系和尊重他人。

从禅学角度分析，这些理念和技术也是禅学中的修习正念和慈悲的要领。

四、接纳与承诺理论中的禅学智慧

一般认为，接纳与承诺理论（ACT）是独立于佛禅学而发展起来的。但分析 ACT 的理论可以发现，它对人类痛苦的普遍性的反省很"佛教化"：人类的痛苦无处不在。

此外，ACT 处理的重点聚集在"经验的回避"上，它把"疼痛"和"痛苦"分得很清楚，强调接纳痛苦而不是被痛苦打败。这与佛陀提出的二支箭的理论完全吻合。

五、其他

除上述所论述的疗愈系统之外，还有许多其他疗愈方法也是与禅学智慧有关，如日本心理学家发明的森田疗法和内观疗法根植于禅学智慧，作者已在《与自己和解：用禅的智慧治疗神经症》一书中作了相关阐述，有兴趣者可参阅。

第六章 修禅疗愈生命的原理

  我对这神秘的生命本身深信不疑："你看，生命说：'我就是那必须不断超越自身的事物。'实际上，你可以称它为生命的意志或朝向某一目的的努力，即朝向更高、更远、更多面发展的努力；但是这所有的一切，都是同一个生命。"

——《查拉图斯特拉如是说》

  业已证明，修禅能够使我们将眼光从专注于外在转而专注于内在心灵，把可能带来身心劳顿的痛苦消解于萌芽之前，它能解决我们心灵的困惑，指导外在的实践，从而起到疗愈生命的作用。

  概括国内外有关修禅疗愈生命的原理，大致有以下方面：

一、放松和自我调节

  到目前为止，禅修在放松和自我调节方面的作用得到了普遍认可，也有大量的实证数据支持，特别是运用咒语的禅修或运用专注技巧的禅修，如止禅和观禅。

  在心理上，当我们把注意力轻轻地专注于呼吸或其他具体的物品时，我们的心就不会像"野蛮的猴子"一样乱串。这样，原先强烈的情绪，如愤怒、悲伤、焦虑，可能会与安静和平等心交替出现。

  在生理方面，禅修可改变各项生理功能。例如：

  早期有关代谢的研究数据显示，禅修可以明显降低氧气消耗量、二氧化碳的产生和血中乳酸的浓度。

  禅修者的心血管系统会受到有益的影响，如禅修训练时的心率减慢，坚持禅修者血压也会降低。但如果停止练习，益处就会慢慢消失。有些禅修者可以增加身体远心端的血液而升高手指和脚趾的温度。西藏吐默大师精于此，可以在西藏冬天的雪地里半裸身体来禅修。

不仅如此，长期禅修者血液中的荷尔蒙浓度也可能会产生波动（如肾上腺皮质激素降低），胆固醇可能会降低。

脑电图研究结果显示，禅修练习会使脑波变慢，α 波（每秒 8 到 13 周的波）的量和振幅都会增加，更精进的禅修者甚至可以大幅减慢脑波，而出现 θ 波（每秒 4 到 7 周的波）的形态。这些发现都与深度放松时的脑波形态相符。

二、疗愈疾病和延年益寿

许多科学研究已证明正念禅修可以治疗一些心理和身心疾病。焦虑症、恐惧症、强迫症、失眠症、轻度抑郁症、创伤后应激反应等心理障碍者对正念禅修有良好反应，高血压、肿瘤、糖尿病、偏头痛等慢性躯体疾病也可从禅修中不同程度地获益。有研究发现，规律而长期的静坐似乎可以降低药物（合法和不合法）的使用，并能帮助囚犯减轻焦虑、攻击性和再犯罪的比例。

此外，一项有良好对照组的研究显示，"超觉静坐"禅修（Transcendental Meditation）对老年人有惊人的影响。一组平均 81 岁、住在疗养院的人，学习禅修之后，在学习能力和心理健康的多项指标上，都优于住在疗养院中学习放松、其他心理训练或完全未接受任何学习或训练的人。不过，更让人感到惊奇的是，三年之后，学习禅修的人全部健在，而未接受任何学习或训练的人只剩 63% 还活着。

三、有助于揭露被压抑的潜意识内容

有一个笑话：一个卖豆腐的大叔给寺院送豆腐时，问老和尚，坐禅有什么好处？老和尚说，你坐坐就知道了。有一天，大叔很早卖完了豆腐，于是到寺庙坐禅。坐了约莫半炷香时间，大叔一拍脑门说："坐禅真好！"老和尚问："怎么好？"大叔说："我想起来了，三年前李老二还欠我豆腐钱呢。"

这虽然是个笑话，但是，禅修的确有助于揭露被压抑的潜意识内容。有一项关于知觉的研究就显示了禅修这方面的功能：

> 研究者以罗夏墨迹测验检测佛教禅修者（从初学者到开悟的大师）的反应。初学者显示出正常的反应模式，而专注力较强的人则不是看到平常的影像（如动物和人），而是单纯地看到卡片上的明暗形态，也就是说，他们没有把这些形态转变成有系统影像的倾向，这个研究结果符合专注使人的心灵集中，并会减少联想的说法。
>
> 在有初步涅槃经验，也就是达到佛教徒开悟四个典型阶段的第一阶段的人身上，则有更令人惊讶的发现。乍看他们的罗夏墨迹测验，会觉得与非禅修者的结果没有明显不同，可是他们对测验的描述却有一项差异：他们认为所看到的影像是自己心灵的产物，并能觉察到意识之流组成影像的刹那过程。
>
> 有趣的是，初开悟的人对依赖、性欲和攻击性之类的问题，显示出正常的冲突迹象，可是他们对这些冲突的防卫和反应非常少，也就是说，他们接纳了自己的神经质，并不会因此受到扰乱。
>
> 少数达到开悟第三阶段的禅修者有四种非常独特的报告。首先，这些禅修大师并不只看到影像是心灵的投射，也把墨迹本身看成心灵的投射。其次，他们并没有显示出驱力冲突的迹象，看起来好像没有心理冲突，而一般认为心理冲突是人类存在不可避免的部分，这项发现符合禅学经典关于深度的禅修可以大幅降低心理痛苦的说法。

我曾有一患失眠症的来访者，在接受正念禅修治疗，其症状明显改善，但仍为睡眠问题担心，日常生活也有诸多烦恼。有两次在正念禅修时面前突然出现自己的另一形象，面目狰狞、形状丑陋，他在心里跟这一丑陋的自己说："看你能得意多久！"该形象顿时消失。在接受咨询时，医生跟他探讨如果第三次遇到这一丑陋自己时是否考虑换个方式问话，他说："我会跟他友好些，我会跟他打招呼。"此后在正念修习过程中，这一丑陋的自己真的又出现了，他在心里跟他说："朋友，你好，谢谢你来见我，有什么需要我帮助的吗？"该形象持续了一会儿，慢慢地不见了，此后再也没出现过，该来访者的睡眠从此也完全地改观了，日常生活也变得比以前顺心。

荣格对"禅修有助于揭露被压抑的潜意识内容"不仅深信不疑，而且还积极运用到临床治疗，他在书中写道：

>至于医学，则现代心理治疗的方法便最接近于瑜伽。弗洛伊德的心理分析，一方面将患者的自觉意识带回内在的记忆中的童年世界，另一方面则使他意识到种种被压抑的愿望和冲动。这种治疗技术，从逻辑上讲是宗教忏悔（告解）的发展，其目的在于以人为的内观，使主体浑然不觉的东西成为被意识到的东西……
>
>弗洛伊德的方法，基本是分析的方法、还原的方法；我则在此之外增加了综合的方法以强调无意识倾向在人格发展中的目的性。不难看出：这一探索方向与瑜伽，尤其是昆答利尼瑜伽（kundalini yoga）、坦屈克瑜伽（tantric yoga）和藏传佛教、道教瑜伽中的象征，都有着重要的对应。在对集体无意识的解释中，不同形式的瑜伽及其丰富的象征为我提供了价值非凡的比较材料……我们需要做的一切，都旨在帮助无意识成为意识，和使之从僵化的状态中解放出来。基于这一目标，我采用了"主动想象"（active imagination）的方法。这是一种特殊的训练，为的是哪怕在一定程度上关闭意识，使无意识心理内容有得以展现的机会。

尽管荣格运用"主动想象"去探索无意识，从其操作过程看，与"观禅"的过程一致。我已在《唤醒自愈力：用禅的智慧治疗神经症》中进行了论述，有兴趣者可参阅。

四、更新意识，提高伦理道德水平

禅修是一种从个体内心引发或唤醒内在意识状态的方法。换句话说就是，某些蛰伏在心灵深处的意识状态会被禅修所激发。当这些状态被唤醒时，其作用方式会重组和净化表层意识。许多传统智慧都认为，内在意识被唤醒时，会提炼、转化及提升旧有的意识，并呈现出高层或更宽广的意识状态。这样，以前意识中的问题和议题，现在可能不再被视为问题了，或者问题和议题的意义可能发生了改变；旧有的意识被更宽广的意识吸纳和转化。需要注意的是，旧有意识的功能并没有被"废除"，而是整合进了新的意识里。

可以说，禅修的这方面作用对提高伦理道德水平比较有帮助。因为，与吸毒相似，不道德的行为来源于具有破坏力的心理因素（禅学中称为贪、嗔、痴），同时也会增强这些心理因素。通过正念禅修，这些心理因素可以被清晰"看见"，如果不去反应，那么它就会逐渐丧失破坏力。而且，通过结合慈悲、宽恕等禅学智慧的培养，合乎道德的行为就会自然流露，修禅者会很自然表现出对所有人和所有生命的认同。正如劳伦斯·科尔伯格所说："完人所必须具备的任何特质，自始至终都是自然而然发生的。"

因此，禅修在道德水平提升方面的价值是各种"从外向内的教育"所无法比拟的。因为，"善与恶"、"上帝与撒旦"、"天使与魔鬼"是根植于人性深处的，任何人的灵魂深处都存在着"对立的矛盾体"。否认和压制不仅无效，所造成的危害可能更大。正如布莱兹·帕斯卡尔在《思想录》中所说：

> 太频繁地向人们展示他与畜生是同等的，而没有向他们展示其伟大之处，这是很危险的。太频繁地向他们展示其伟大之处而不向他们展示其卑贱，同样也是很危险的。然而，让他们对这两者一无所知却更为危险。但是，同时向他们展示这两者是非常可取的。

焦谛卡禅师提出了类似的观点：

> 越是否认自私的动机，越会以"无私的牺牲"为名义，对自己和别人造成更大的伤害。

五、增长智慧

智慧不是知识。知识是某种我们拥有的"智性"方面的东西，而智慧则是某种我们成为的状态。要发展智慧，光靠讲道理或理性思辨是不够的，而是需要自我转化。对"事物本然"的实相（包括自己身体内的和身体外的）保持开放、真诚的态度，能促进这种转化。以佛陀的话来说，就是体认到"诸行无常"、"诸漏皆苦"、"诸法无我"、"涅槃寂静"四法印。借用存在主义哲学家和心理学家的话来说就是，我们必须体认生命痛苦的事实（死亡、无意义、自由和限制、孤独等），并以真诚、坚定和勇气接纳它们。

在禅家看来，存在主义者的态度是一种智慧，但只是智慧的开端，并不是最终智慧，可以把动机转离琐碎、以自我为中心的追逐，朝向禅修的实践，导向更深的智慧，即对"空性"的体悟。这种智慧源自直接、直觉式的洞察力的发展，能够洞识心灵、自我、意识及宇宙的实相。这种洞察力会变成直接、直觉式的智慧，超越语言、思想、观念，甚至任何一种意象，而有转化和释放的作用。用亚伯拉罕·马斯洛的话说，就是达到了自我实现的状态。

第七章 禅修的基本要素及训练方法

勿因耳闻而轻信，道听途说本无稽；
不以传统而妄信，历代传说多谬奇；
众人谣言不可靠，毫厘之差失千里；
迷信教条未见安，经典所载非无疑；
师长训示固可贵，迷信权威非所宜；
凡事合理方可信，且需益己复益人；
必矣体察分析后，始能虔信并奉行。

——《羯腊摩经》

为了达到疗愈生命的目的，历代禅师创作了许多行之有效的技术和方法。这些技术和方法不仅可用于修心养性，而且可以用于疗愈疾病。结合我们的临床实践，本文将从接纳、停顿、专注、旁观、爱等方面对禅修的基本要素及方法作一论述。

接　纳

你说："苦行僧啊，这条路有什么征兆？"

"听我说，听的时候要想想。给你的征兆就是：你每往前走一步，就会发现你的苦难越大。"

——法利多丁·阿塔尔

接纳是禅学中的核心态度和技术，它要求人们拥抱任何出现在我们身体上或者头脑中的感觉而不作评判。

一、为什么要训练接纳的能力

（一）我们的痛苦是普遍存在的

所有人类，如果不是早年夭折，都会在人生某些时候感觉到内心或大或小的痛苦，甚至是痛彻心扉。每个人都会在人生某些时候感受到身体上的不适。我们之所以觉得别人幸福，是因为人们习惯于露出灿烂的、幸福的面容，假装事事如意、生活"顺心"。但事实并非如此，也不可能如此。生而为人，就是会比这个星球上的其他生物感受到多得无法以数量计算的痛苦。

有关人类问题的研究报告也证实了这一点。例如，Kessler 等研究发现，在美国，约有 30% 的成年人在某个时候会具有明显的精神失常的症状，大约有 50% 的人会在一生中出现某种程度的失常，而其中有接近 80% 的人会出现不止一种的严重精神失常的症状。

（二）痛苦与错误的解决方式有关

我们在遇到困难时习惯于马上去找解决的办法。这种方式在处理外部世界中的客观问题时可能是有效的。但当我们用这种模式来试图解决内心体验时，就可能会导致苦上加苦。

首先，我们的内心世界并不完全等同于所发生过的外部事件。因为，人是活在历史之中的，时间是单向的，只会在一个维度上流逝；而心理上的痛楚是一种历史，至少从这个层面上来讲是无法抹去的。任何试图抹去痛楚的努力只会将其放大，并将自己的未来也葬送其中，最终将其演变成创伤性的经历，而生活被弃之不顾。

其次，许多人试图运用精神科药物来缓解心灵痛苦。我们的体会是对许多重性精神疾病而言，精神科药物往往有效，而且有时效果惊人。但对心理障碍、心理生理障碍患者而言，痛苦可能是心灵成长过程中的必经之路。如果也用药物来治疗，那么势必影响其对生命"存在性"的体悟。这样，药物不仅成了压制内心痛苦感受的帮凶，而且可能对人的"存在性"构成了威胁。正如罗洛·梅所说："被当作一种逃避焦虑之方式的技术，最终甚至会使人们更为焦虑、更为孤立、更为自我疏离，因为它不断地剥夺人们的意识，以及他们把自己当作意义中心的个体的自身体验。"

对身体化的中国人而言，情况更是如此。由于文化和社会方面的原因，人们往往用身体的病痛来代替心理的痛苦。如果我们的医生不能识别痛苦的原因，无法深入来访者的心灵深处，仍积极地运用药物去治疗，这简直是把具有"存在"意义上的"人"当作动物处理。

因此，逃避痛楚或压制内心痛苦的感受不仅不能解决问题，反而只会加重痛苦。罗洛·梅提出：

> 我们的错误在很大程度上在于一种消除焦虑、冲淡焦虑的倾向，而且对于内疚的情感，同样也是如此。而我认为，治疗的功能应该是给人们提供一个背景，在这个背景中，他们能够建设性地面对和体验焦虑和内疚——这个背景是一个与治疗联系在一起的自身存在的人类世界，一个真实的世界。
> ……
> 我认为，以为我们可以把这种或任何药物看作万能药，从而进入一个非常好的、摆脱了人类困境的新世界，这种"宗教信仰"却是一种幼稚的、误导的幻觉。在这种对药物的狂热中，我听到了一个极度痛苦的叫喊声反对我们精神分裂症性的、非个人化的社会："我们需要某种东西——什么东西都可以——使我们可以重新感觉到个人的东西！"

伊丽莎白·库布勒-罗斯也提出了类似的告诫：

> 如果你坐在美丽的花园里，等着别人递给你银盘细餐，你就不会成长。生病、痛苦、经历丧失，都在孕育成长。如果你不像鸵鸟那样把头埋在沙土里，而是学着承受并接受痛苦；如果你不把痛苦当作诅咒和惩罚，而是当作"天将降大任于斯人"的礼物，你就会成长。

二、接纳什么和如何接纳

（一）接纳"本来面目"

"本来面目"是禅学中需要认识的核心内容之一，因此，接纳"本来面目"

也是禅学中核心的训练内容，正如下面这则禅学故事所反映：

　　一群弟子要出去朝拜。师父拿出一个苦瓜，对弟子们说："随身带着这个苦瓜，记得把它浸泡过每一条你们经过的圣河，并且把它带进你们所朝拜的圣殿，放在圣桌上供养，并朝拜它。"
　　弟子朝圣走过许多圣河圣殿，并依照师父的教言去做。回来以后，他们把苦瓜交给师父，师父叫他们把苦瓜煮熟，当作晚餐。
　　进餐的时候，师父吃了一口，然后语重心长地说："奇怪呀，泡过这么多圣水，进过这么多圣殿，这苦瓜竟然没有变甜。"
　　众弟子听了，当下就有好几位开悟了。

在我们的现实世界中，我们的生老病死、孤独、无意义、自由与限制等"存在性"困境就是我们的"本来面目"。我们需要去接纳它，要带着敬畏生命之心去生活，而不是：

　　（1）花大量的时间去想过去的痛苦、错误和问题；
　　（2）过分担心将来可能出现的痛苦、错误和问题；
　　（3）为了逃避痛苦而远离人群；
　　（4）用酒精、烟草、毒品、赌博或网络来麻醉自己；
　　（5）把自己变成工作狂/消费狂/聚会聊天狂/权力狂；
　　（6）进行不安全/不负责任的性行为；
　　（7）试图自杀或做一些危险的举动，比如疯狂驾车或者酗酒；
　　（8）依附权威或随大流；
　　（9）只关心身体的健康、他人对我的评价与关心、物质的享受、外在的光鲜，而忽略心灵的成长。

（二）接纳目前的状态

不管我们目前是遇到了困难，还是感到恐惧、焦虑、愤怒、抑郁，亦或是患有躯体疾病。首先，我们必须承认自己目前的处境，无论如何，不要去评判它或自责。然后，正视自己和现实，并客观地看待它。只有这样，疗愈才有可能真正地发生。例如，匿名戒酒会著名的"十二步戒酒法"中的第一步（我们承认，我们对酒已无能为力——我们的生活已变得无法收拾）和第五步（向上帝，向我们自己，也向其他人承认我们错误的实质）就体现了对自己目前状态的接纳。下面这些陈述体现了对目前状态的接纳：

（1）它只能是这样了；
（2）一连串的事情导致了现在的状况；
（3）我没有能力改变，既成事实何需证明；
（4）和过去纠缠没用的／和过去纠缠只能让我更看不清现实；
（5）我只能抓住眼前；
（6）和已发生的事过不去是浪费时间；
（7）当下最可贵，即使我不知道要发生什么；
（8）鉴于之前所发生的事，现在就应该是这个样子；
（9）现在的情况是无数个决定的结果；
（10）有这种感觉没有关系／有这种感觉很正常；
（11）这是自然反应／这伤不了我／我将会撑过去；
（12）这种感觉很不舒服，但不见得无法忍受；
（13）我现在就处于这样的感觉当中；
（14）这将会过去，这只是我现在感受到的感觉；
（15）成千上万的人都了解这种感觉，现在也都在经历。

下面再举一位来访者的实践来说明禅学中的"接纳"要素。该来访者同时患有肿瘤和惊恐障碍，她在我们台州医院心理卫生科接受"禅疗"，下面的内容摘录于她的日记：

今天有点特别，由于感冒了，特别不舒服，再加上吃了药，头昏昏沉沉的。这段时间有流感，传播得厉害。

下午在厂里工作的时候，做着做着，有一种特别静的感觉出现，静得可怕，好像自己心脏停止了一样，脑子一片空白，没有感觉，找不到感觉。于是我有一种恐惧的念头，我站起来运动运动，出去走走。于是，我马上回家去了，我就像早上锻炼那样慢跑，就这样跑着。虽然也有不好的念头跳出来，但我还是这样跑着。过了几十分钟，好像舒服了点，接下来我又走路去接孩子放学，接回来后我又做了25分钟的内观呼吸，现在感觉好极了。

当时出现这种感觉的时候，我也没以前那么着急，而是想跑步就跑步吧，跑步反正也没有什么坏处。我就跑着吧，什么都别去理会，就等着这症状什么时候消失，它能在我身上待多久。反正，我已经接受了你的随时出现，也不再怕你了，来就来吧。

需要注意的是，接纳并不是要你宽恕或同意自己和别人的错误行为，不是无可奈何地自我打击，也不是忍耐或无可奈何地忍受痛苦。它与那些完全不同：不是沉重地、悲伤地、无望地"接受"，而是主动地、充满活力地拥抱当下的每一刻。就像文中的来访者，"接纳"意味着做点建设性的事。

停　顿

事件之间的间歇比事件本身更重要。

——爱因斯坦

停顿不仅是参禅、悟道的必用技术，也是禅修者想要达到的最高状态，与"空"或"无"的境界相当。

一、为什么要训练停顿的能力

（一）麻烦与"条件反射"式的反应有关

费斯汀格法则

美国社会心理学家费斯汀格有一个很出名的判断，被人们称为"费斯汀格法则"：生活中的10%是由发生在你身上的事情组成，而另外的90%

则是由你对所发生的事情如何反应所决定。费斯汀格在书中举了一个例子。有一天早上，卡斯丁的儿子不小心摔坏了卡斯丁心爱的手表，卡斯丁揍了儿子一顿，骂了妻子一通，自己一气之下没吃早餐、忘拿公文包直接开车去公司，快到公司才想起公文包，又回家取，而家里的钥匙在公文包里，此时妻子和儿子早已出门……接二连三发生在他一家人身上的事情，就像一场恶梦。卡斯丁那一天手表摔坏只是其中的10%，他无法控制的10%，如果接下来的事情他都处理好，就不会有这么糟糕的一天，后来的90%是由他对手表摔坏反应太强烈导致的连锁反应。

现实生活往往是如此：当一个人处于烦恼之中，他通常的第一反应就是发怒或沮丧或责备。不幸的是，无论你责备谁，你的烦恼依然存在，你照样感到难受。事实上，在某些情况下，你会更生气，你的烦恼不减反增。因此，适时地停顿就非常重要了。

（二）痛苦是心理上的流沙

逃脱流沙的方法

如果陷入流沙后，用力挣扎或是猛蹬双腿只会让人下陷得更快。人们误以为通过摇动能使身体周围的沙子松动，从而有利于肢体从流沙中拔出。科学家指出，其实不然，这种运动只能加速粘土的沉积，增强流沙的粘性，胡乱挣扎只会越陷越深。

柏恩指出，逃脱流沙的方法还是有的，那就是受困者要轻柔地移动两脚，让水和沙尽量渗入挤出来的真空区域，这样就能缓解受困者身体所受的压力，同时让沙子慢慢变得松散。受困者还要努力让四肢尽量分开，因为只有身体接触沙子的表面积越大，得到的浮力就会越大。只要受困者有足够耐心、动作足够轻缓，就能慢慢地脱困。

从心理学的角度看，处理痛苦就跟处理流沙一样，越是拼命挣扎，你就会在流沙中陷得越深。许多挣扎着要摆脱痛苦的人也许永远也不会意识到：在遇到痛苦和麻烦时更明智和更安全的举动应该是暂停一下，推迟反应。

难怪罗洛·梅提出,"健康不是没有焦虑",心理健康是"能够觉察到刺激与反应之间的差距,以及能够建设性地使用这种差距的能力"。他还提出:"在我看来,心理健康位于'条件作用'到'控制'这个范围的对立面。"

(三)停顿有助于培养创造力

日本人把有效的间歇或有意义的停顿称为自由的时间和空间。的确,这种感知是所有经验的基础,尤其是构成创造性和自由的基础。正如阿瑟·萨赫纳巴尔在回答记者询问关于其天赋的秘密时说:"我认为我和其他钢琴家操纵音键没有什么大的不同。但是,在音符之间的暂停——啊,原来艺术技巧就在这里呀!"老子《道德经》中的下面一段也反映了停顿的意义:

> 三十辐共一毂,当其无,有车之用。
> 埏埴以为器,当其无,有器之用。
> 凿户牖以为室,当其无,有室之用。
> 故有之以为利,无之以为用。

这类例子在世界上有很多,例如,19世纪的法国数学家亨利·庞加莱写道:"我想专心研究一些算术问题,可惜进展不大。我感到很沮丧,所以到海边待了几天。"一天清晨,庞加莱在海边的悬崖上散步,突然闪过一个念头:"不定三元二次型的算术变换等价于非欧几何变换。"

再如,生活在18~19世纪的数学家卡尔·高斯为证明一个定理花了4年时间,但毫无结果。有一天,答案却像闪电一样从天而降。连高斯本人都无法说清,4年的刻苦研究和突然出现的灵感之间究竟存在什么样的联系。

(四)停顿有助于打破心理防御

在心理卫生科临床,停顿就是让我们暂停理性思考,目的在于打破心理防御,让潜意识里的内容外显。正如荣格所言:

> 内倾心态一旦将重心从外部世界(意识的世界)撤离而落脚在主观因素(意识之背景)上,便必然导致无意识的外显,导致原始思维形式的外显。这些原始思维渗透着"祖先感",此外更具有不确定感、无时间感和整

体合一感。这种不寻常的整体合一感是所有不同形式的"神秘主义"共有的体验,它很可能来自种种心理内容的融合,而这种融合,只有在意识变得模糊暗淡时才会增强。

……

这些出自无意识的东西,如果被有意义地整合到意识生活之中,所产生的精神生活形式就会更好地适应个体的整个人格,而意识与无意识之间的无谓冲突也随之而得以消除。

二、停顿的状态如何

罗洛·梅曾把自由定义为:"在来自四面八方的刺激中暂停的能力";"在这种暂停中,把我们强调的重点指向这种反应而不是那种反应";"自由就是当你停泊在没有人或什么都没有的时候"。换句话说就是,当你学会了停顿,你就享有了自由。正如托马斯·莫顿在《生活的面包》中所说:

快速演奏的目标是内在统一性。这意味着听但不用耳朵;听见了,但不用理解;它是用精神来听,用你的全部存在来听。只在耳朵里听是一码事。带有理解地听是另一码事。但是,精神的听并不限于任何一种官能,耳朵的官能,或者心灵的官能。因此,它要求所有的官能都空无一物。而且当这些官能都空无一物时,那就是全部存在的倾听。正是在那里才是对你面前的正确事物的直接把握,这是绝不可能用耳朵听到的,也不可能用心灵来理解的。心的快速跳跃使官能腾空,使你从局限性中解放出来,从专注之中解放出来。

三、如何才能达到停顿的状态

停顿能力并不像踩刹车,说停就停,是需要训练的。正如荣格所提出:

在禅宗里,这种"移置",通常源于心理能量从意识中撤离和转移到了

"空"的概念或公案之中。由于两者都须保持静止，意象之不断继起便被中止，而维持这种活动的能量也随之而中止。这样，节约下来的心理能量便进入无意识之中去强化其本来的负荷，使之达到临界点。这就为无意识心理内容突围到意识之中做好准备。但由于意识并不容易做到完全的"空"，为了在无意识中建立起最大程度的紧张以实现最后的豁然贯通，学禅者便需要有或长或短一段时间的特别修炼。

为了达到停顿的状态，历代禅师设计了大量的方法。可以说，不管是参话头或公案、坐禅静修，还是禅师们所使用的机锋、棒喝，获得开悟的过程就是不断"停顿"的过程。下面略举几种方法。

（一）参话头

禅学认为，"一念才生，已是话尾"，如"南无阿弥陀佛"这一念头刚一产生，便已是话尾了。在念头产生之前便去"参悟"。一般的，参话头通常是从佛经或者公案中拈出一句话、一个成语、一个词甚至一个字，加以参究，通过层层深入地挖掘，找出超越词句本身的深层意义。

参话头之前必须要学习如何看话头，所谓看话头就是看住一句话在生出之前的念头，去探寻这个念头的出处。看话头是为参话头做准备的，属于参话头的初期用功方向。

（二）参公案

参公案就是选取一则古德公案加以参习。公案基本上都是用意象来作为传法主体的。例如著名的"庭前柏树子"、"云门干屎橛"，在公案中被喻为佛或佛性。如果以理性来解读，肯定会认为说此话者非疯即傻，或者就是邪魔外道对我佛的诋毁，但这样的言语正是出于禅门高僧。还有些公案是以极端的言行完成的，例如"南泉斩猫"、"丹霞烧佛"等。这些行为从理性上讲，不但违背了佛门的宗旨，甚至还违背了俗世道德，但它们所蕴涵的深意绝不是一般人所能够参破的。

参公案与参话头有相似之处，都是由一个由头去探寻更深层次的意思，都要求不断追问、不断回答，最后在思穷力竭之时获得灵光一闪的顿悟，也就是"停顿"。

此外，下文所论述的"专注"、"旁观"也是获得"停顿"的途径，并更为常用。

专 注

> 专注力机制构成了我们感知世界以及自主调节思想和感受的基础；专注力收放自如，这是判断、性格和意志的基础。
>
> ——迈克尔·波斯纳

专注是禅修中的核心技术，可以说，没有专注力，就不可能达到"开悟"的状态。

一、为什么要训练专注

（一）我们的专注力被信息消费掉了

在当今这样的数字时代，我们每天都淹没在信息的海洋中：此起彼伏的手机铃声、不断跳出的网络消息、眼花缭乱的新闻、堆积如山的邮件……不管你是否患有注意缺陷，毫无疑问，我们都生活在一个不那么容易专注的时代。伦敦大学精神卫生研究所对1100名公司员工进行的一项研究表明，那些不停地在电话、短信和邮件等多任务中来回切换的"信息狂人"的智商会暂时性地下降10分，这相当于一晚上没睡觉，而且比吸食大麻对智商的暂时性影响（下降4分）还大。

当一个人无法专注、心不在焉，连过马路都可能变得危险时，他怎么可能投入地学习与工作呢？正如诺贝尔经济学奖获得者赫伯特·西蒙所说："信息消费的是人们的专注力。因此，信息越多，人们越不专注。"人们越是分心，就越难以深入地思考；思考时间越短，就越容易流于表面。从某种程度上可以说，人生的深度与专注的程度密不可分。

早在20世纪50年代，德国哲学家马丁·海德格尔就对此发出了警告，技术革命的浪潮"如此令人着迷，让人眼花缭乱。总有一天计算机思维会成为人类唯一的思考方式"，最终会损害"静默思维"（Meditative Thinking）。在海德格尔眼里，这是一种反思的方式，也是人性的体现，与禅者的"直觉思维"有些接近。如果海德格尔生活在今天，也许会对时下流行的微信、微博等心生恐惧。

（二）专注有助于培养"自上而下意识"

我们的大脑存在两个半独立、基本分开的神经系统。其中一个神经系统拥有强大的运算能力，时刻处于运行状态，悄无声息地帮助我们解决问题。对于复杂问题的答案，我们常常"踏破铁鞋无觅处"，却突然"得来全不费工夫"，给我们带来惊喜。

由于这个系统的运行不为意识所觉察，我们常常无视它的存在。但这种"无意识注意"时刻在帮助我们。例如，当你一边打电话一边开车（开车属无意识注意），突然听到汽车喇叭声，你这才意识到红灯变绿灯了。

从某种意义上可以说，我们的大脑有两种意识在同时运行。认知科学用"自上而下意识"和"自下而上意识"来描述。"自下而上意识"具有如下特点：

（1）按照大脑的时间衡量，运行速度更快，以毫秒计算；
（2）不自主的和自动的，永远处于开启状态；
（3）直觉性的，通过关联网络运行；
（4）冲动的，由情绪驱动；
（5）指挥习惯性行为，指引行动。

"自上而下意识"具有如下特点：

（1）运行较慢；
（2）自主的；
（3）需要努力；
（4）具有自我控制功能，（有时）能够压制自动反应，抑制情绪冲动；
（5）能够学习新模式，制订计划，（某种程度上）监管自动功能。

可以看出，主动性注意、意识行为和有意选择属于自上而下的意识，反射性注意、冲动行为和行为习惯属于自下而上意识。

从进化论的角度看，自下而上神经系统出现的时间相对久远。它在人类史前文明的大部分时间里，对于保障人类的基本生存起到了重大作用，但在今天却引发了一些问题，如过度消费、追求时尚、成瘾症、超速行驶、权力膨胀。在心理卫生科临床，冲动控制障碍、强迫症、焦虑症、恐惧症等障碍均与自下而上神经系统功能的紊乱有关。

现代西方正念研究专家发现，以专注力训练为基础的正念治疗可通过增强前额叶皮层功能、抑制杏仁核等原始结构的功能，而起到平衡"自上而下意识"和"自下而上意识"的作用。这也是观呼吸、念咒语等禅修方法可以调理身心、疗愈心理障碍的原因所在。

总之，专注力的主动参与，有助于自上而下意识的运行，它可以避免我们每天按照自动模式过着行尸走肉般的生活。我们可以对广告说"不"，对周围发生的事情保持警惕，质疑下意识的习惯性行为或加以改善。正如神经科学家戴维森所说："在全局意识保持开放的专注力，能使你内心平静，避免被自下而上意识主宰，诱使意识做出消极或积极的判断和反应。"

二、如何才能达到专注的状态

就像大多数技能一样，专注力需要通过不断的练习才能得到培养。在禅学典籍中，用于专注力训练的方法很多，但基本遵循同样的模式。首先，我们要根据自己的习惯选择一个专注对象。可以说，几乎任何能被观察到的东西都可以被当作专注力训练对象，例如：

（1）可看到的物体——或许是一根蜡烛、一座雕像或一幅画；

（2）声音——如铃声或潺潺的流水声；

（3）当我们处于坐姿时身体中的某种感受——较为常见的是呼吸；

（4）当我们活动时身体上的某些感受——如我们行走时双脚触地的感觉；

（5）心中的某个影像——如曼荼罗；

（6）心中的声音——或许是一段轻轻反复吟诵的话语或经文；

（7）口中发出的声音——如吟唱声。

然后，每当发现自己的心偏离专注对象时，我们就要非常自然、轻柔地将其引导回来。

下面以观呼吸训练为例介绍我们临床常用的专注力训练方法：

  如果想坐着进行观呼吸训练，你可以使用一把椅子、一块禅修垫或一把禅修凳。如果使用椅子，请找一把既能让你坐得很舒服又能让你的脊椎部位或多或少保持垂直的椅子。因为这样的姿势有利于你的专注——保持脊椎部位的垂直会增强你的警觉性。如果愿意，你可以将脊椎部位紧贴在椅子靠背处作为支撑，或者可以坐得稍微靠前一点。总之，你要找到一个使自己的脊椎可以发挥支撑作用的平衡位置。

  如果你使用禅修垫，可以将垫子放在一块叠起来的毯子上面以形成更加柔软的表面，然后双脚交叉坐在上面。垫子要保持足够的高度，以便你的双膝能接触地面。在你的双膝与地面靠近的地方保持三角形位置不变，而臀部坐于垫子上。你可以将一条腿放到另一条腿的踝部或小腿部位，或者直接把两条腿都放在地上，双腿的位置可以一前一后，不用真正将它们交叉起来。无论采取何种姿势，最重要的一点是，你唯一需要的是找到一个舒适、稳固、放松且能保持脊椎直立的位置。

  如果你选择禅修凳，请把它放在一个折叠的毯子或地毯上。你先要跪下来，使自己的膝盖、胫部、双腿都与地面接触。接着，将凳子放在你的身体下方，以便它能够支撑住你的臀部以及大部分重量。你也可以在凳子上放一块垫子，这样能增加你的高度，同时它也垫在了你的臀部支撑处。这样做的目的同样是为了让你找到一个舒适、稳固且让脊椎能够保持直立的位置。

  无论采用何种方式坐下来练习，这样的想象都会对你有帮助：有一根绳子固定在你的头顶，它轻轻地在朝着屋顶或上空的方向拉动你的身体并拉长拉直你的脊椎。接下来，你可以前后、左右晃动你的头，让它找到一个自然的平衡点。你可以将双手轻松地放在自己的大腿或双膝部位以加强稳定感。

  一旦以一种舒适且保持警觉的姿势坐下来以后，请保持眼睛微闭，把注意力集中到呼吸上。你可以把注意力放在鼻孔两端呼吸比较明显的地方，也可让自己专注于伴随着每一次呼吸过程的腹部的起伏感。看一下你能否觉察到呼吸的整个循环过程——一开始，吸入一口气，你的肺部有一种相对饱满的感觉；接下来，呼出一口气，你感到自己的肺部好像又被腾空了；然后再进入下一个循环的开始。你不用以任何方式试图来控制自己的呼吸，这只是一项专注力练习，而非一种呼吸练习。你可以短促地进行浅呼吸，也可以用相对长一点的时间进行深呼吸；你也可以前1分钟浅呼吸，后1分钟深呼吸。你没有必要对呼吸进行调整或改变，你其实只是在应用对呼吸的感知来训练专注于当下发生的某件事情。

一般的，你不久后就会发现自己的注意力开始游离，它或者会游离到对身体其他部位的感受，或者会游离到其他念头。你可能会发现你的心已经完全离开了对呼吸的专注而服从于想一些与此大不相同的事情。这是完全正常的。因为，只要你有"心"，它就会游离不定。在发现这样的情况发生时，你只需要轻轻地、自然地将自己的注意力重新拉回呼吸，甚至可以为成功地觉察当下而祝贺自己。

就这样专注于自己的呼吸，直到预定时间结束训练。

开始时，你可以每次只练10分钟，每天2至3次。然后，慢慢地延长训练的时间，保持每天至少2次，每次至少半小时。

简单地说，观呼吸训练就是不断地进行4个步骤：走神、意识到走神、专注力拉回到呼吸、维持对呼吸的注意力。

旁 观

哦，上帝，赐予我们的礼物，是用他人的眼睛，看自己。

——罗伯特·彭斯

通俗地说，旁观就是用别人的眼睛看自己，这是"观禅"的核心内容，正所谓"观身如身、观受如受、观心如心、观法如法"。下面这则禅学故事即从某种角度概括了"旁观"的含义：

> 一位僧人在路上行走，正好遇到了一位美妇人。那天早上，妇人与丈夫大吵了一架，现在她正逃回娘家。
> 几分钟之后，追赶而来的丈夫出现了，他向僧人打听："尊敬的长老，您有没有看到一位妇人从这儿经过？"
> 僧人答道："男人还是女人，我分不清，只见一包骨头从此经过。"

用李·鲁索维克在《盛筵还是饥荒：关于头脑与情绪的教学》中的话说，"旁观"就是："我们可以只是观察升起的东西……而不是用头脑去分析它……因为在这样的观察里蕴含着理解与智慧……理解显示了我们生命的深度，我们通过清晰、诚实和客观的观察进行理解。"

在临床实践中，我们常把旁观内容细分为旁观身体、旁观念头和旁观情绪，下面分述之。

一、旁观身体

（一）为什么要旁观身体

1. 身体是大脑表达观点的器官

著名的苹果公司创始人史蒂夫·乔布斯在被诊断出患有胰腺癌之后，给斯坦福大学毕业生做了一场真情演讲。他提出忠告："不要让他人的声音淹没你内心的声音。最重要的是，勇敢地追随自己的内心和直觉，它们知道你真正想到的东西。"这句话提示我们，身体是大脑表达观点的器官，如果我们从身体信号入手，就可能寻求到"内心的声音"。这与尼采提出的"我们用我们的身体来思考"一致。

现代神经科学业已证明，大脑皮层躯体感觉中枢的作用是追踪由不同部位皮肤所记录到的感觉。你也许见过一张大脑皮层躯体感觉中枢与身体各部位相对应的图形：头很小但嘴唇和舌头很大，手臂很细但手指很粗。不同比例的对应图反映了不同身体部位相对的神经敏感性。

蜷缩在大脑额叶后面的岛叶，对人体内部器官起到类似监测的作用。岛叶通过神经回路与肠、心、肝、肺、生殖器相联,每个器官在岛叶上都有特定的对应部位。因此,岛叶起到了神经中枢的作用。比如,它可以向心脏发出减缓心跳的信号,或者向肺部发出深呼吸的信号。

当我们留心观察身体任何部位时,都可以提高岛叶对该特定部位的敏感性。

注意自己的呼吸,岛叶会激活相应神经回路中更多的神经元。事实上,人们感受自身呼吸的能力已经成为衡量自我意识的标准途径。对身体内在感受能力越强,岛叶就越大。

岛叶不仅促使我们与器官更加协调一致,它还决定了我们对自身感受的敏感性。对自身情绪无动于衷的人,相比内在情绪高度协调的人,岛叶的活动较为迟钝。述情障碍者即是其例,他们不清楚自己的感受,也不能体会别人的感受。罗伯特·所罗门教授反思道:

> 让我越来越担心的是,在情绪中,身体的作用和性质及身体的感觉可能被削弱了。在寻找一种替代理论时,我可能往另外一个方向走得太远了。我现在开始欣赏这些观点,把身体的感觉(不只是感官的感觉)纳入到情绪中不再是次要的考虑,而身体在情绪中扮演的角色也是关键的。

研究发现,"内脏感觉"是岛叶和其他自下而上神经回路所发送的讯息,它们让我们的选择更明智、生活更简单。神经科学家安东尼奥·达马西奥为此提出了"躯体标记"的概念,它是提示我们的选择是对还是错的躯体感觉。这种自下而上神经回路往往在自上而下神经回路经过思索得出理性结论之前,就通过内脏感受表达观点了。一位爵士歌手说:"爵士歌曲要求你必须与自己的身体感受协调一致,这样你才知道该如何即兴表演。"这也表达了观察身体感受的重要性。

马萨诸塞州总医院的萨拉·拉扎尔博士指出,由于大脑皮质和脑岛通常在20岁之后开始退化,而练习正念(观躯体是正念练习中的内容)可能有助于弥补一些机体老化造成的损失。

2. 身体不适的根源可能在心理 / 心灵

> 我们的思想可以欺骗自己,但身体是不会说谎的,它忠实地帮我们贮

存所有的情绪，提醒我们要去真实地面对自己真正的需求，让我们好好地去处理。70％以上的人会以攻击自己身体器官的方式来消化自己的情绪。消化系统、皮肤和性器官是重灾区。身体的不适和病症只是我们内心的呼喊和求救，它只是火警钟。只可惜大部分的人没有真正理解这些讯号，头痛医头，脚痛医脚，甚至想办法把这个火警钟切除掉，其后果必然是悲剧性的。

这是一段在网上流行甚广的微博内容，在生物医学模式大行其道的今天，它向我们敲响了警钟：身体不适并不代表一定存在躯体的器质性病变，它的根源可能在心理／心灵。正如罗洛·梅所提出：

如果我们打算把自己当作是"纯粹的客体"，完全被决定且可操控，那么我将变得被动、枯竭、冷酷无情，并且与自己的体验没有关系。而我的身体通常会突然给我一击，用让我患上流感或者是心脏病的方式将我打倒，以便让我记起我不是一个机械的物体。

这种情况在我们精神／心理卫生科天天都可遇到，例如：

（1）躯体症状可能是躯体组织或器官对外界环境的诉求；
（2）躯体症状可能是缓解内心冲突的途径；
（3）躯体上的植物神经症状是情绪本身；
（4）躯体症状可能是个体对躯体感受的错误解读；
（5）躯体症状可能是学习和模仿的结果。

下面这则刊登于《台州晚报》上的案例即说明了这一状况：

心理科治好了"肚子疼"

58岁的老李时常会感到肚子疼，半年内去了浙江、上海多家医院求诊，做了三次肠镜检查、四次胃镜检查，什么毛病也没查出来。最后，竟然在心理科治好了"肚子疼"。

肚子莫名疼了大半年

这半年来，老李总感觉肚子痛，具体部位还不固定。有的时候胃痛、胃胀、打嗝；有时是肠道部位的疼痛、拉肚子。老李到当地医院做了胃镜、抽血化验，都显示没有异常情况，但肚子却疼痛依旧。

于是，老李到了其他大医院，重新做了胃镜，还做了肠镜，结果依旧没有发现异常。无奈之下，老李先后到上海、杭州求医，半年下来，做了三次胃镜、四次肠镜，花了不少钱，查不出毛病，吃了些药，也不见好转。最后老李辗转回到了台州医院，该院消化科的医生建议老李到心理科门诊看看。

肚子疼竟是心理疾病

台州医院心理科副主任包祖晓经过仔细检查，认为老李是患了一种名为"躯体形式障碍"的疾病。此类患者可表现为全身各个部位、器官的各种不适感。常见的如：头晕、头痛、胸闷、心悸、胃痛、胃胀，全身乏力等。部分患者还常常伴有失眠，对自身的疾病有较多的担心，甚至会担心自己患了什么"绝症"。患者常常辗转于各大医院的各个科室，做各种各样的检查，却查不出什么确切的问题，服用各种药物也收效甚微。

关心身体也要有"度"

包祖晓认为，患这种"躯体形式障碍"的原因有很多，生理、心理、社会因素都能诱发疾病，但是最关键的原因可能是过于关注自己的身体。

"我们心理科医生在门诊中常能遇到这类患者。"包祖晓说，"有时患者确实存在某种躯体障碍，但表现出来的痛苦程度可能要强于其他患者，即使反复求医也无法缓解痛苦。关心自己的身体是好事，值得提倡。但是过度关心，也可能使人失去快乐和健康。"

因此，身体不适不可盲目用药，而需要旁观身体的感受，去探索它背后的心理/心灵方面的意义。正如荣格在一封写给表哥的信中所说：

我曾见过一些癌症病人。他们在成为一个人的过程中的某些关键时刻受到阻碍，或不能跨越障碍……人们必须启动内心成长的过程，否则，这个发自内心的创意活动就无法自然地展现出来，结果只能是致命的。

3. 身体症状的久治不愈与错误的解决方式有关

从临床上可以看到，我们现代人倾向于将自己的身体完全看作是一个客体，是某种外在的、可以用化学方法或物理方法进行研究的、可以对其进行计算和控制的东西。因此，身体上出现不适，我们最常见的处理方法是服药、打针、针灸、理疗，甚至手术。许多时候，这些"积极"的治疗方法不仅无效，还可能给身体带来危害。正如德国精神科医生曼弗雷德·吕茨所提出的告诫：

> 无论是外科手术还是精神科，其最高的艺术在于"无为而治"——就是只要有可能，尽量什么都不治。一个外科大夫搞清如何做一个手术，两年就够了；而真正懂得什么时候不要去做这种手术，却需要20年。同样，一个精神科大夫也需要很多年才知道，什么时候他不应该去治疗一个稀奇古怪的人。

当然，内科医生的情况也是如此。下面以疼痛为例来说明：

> 当你感觉到身体疼痛时，无论是像肩膀疼痛，还是头痛，你最自然的反应就是尽量避免疼痛的感觉。初看上去，这是合情合理的，因为身体的疼痛令人难以忍受。于是你就会努力忽略它，转移注意力，甚至去喝酒或服药，以麻痹这种疼痛感。这种逃避在短时间内可能会奏效，但过不了多久，这种逃避的效果会消失。同样地，对抗疼痛，仍会让你感觉疼痛，更糟糕的是，你还会感觉到情绪上的痛苦并再去对抗这种痛苦。禅学将其称为"第二支箭"。
>
> 相反的，如果我们只是去接纳这种疼痛，旁观这种疼痛，我们的痛苦就可能会减轻。

业已证明，包含旁观躯体感受在内的"正念"治疗能有效地缓解各种躯体症状，尤其是各种慢性疼痛。

（二）如何旁观身体感受

禅学文献中常把观呼吸和观身体放在一起练习（观身念处），如《大念处经》记载：

> 比丘们！比丘如何就身体观察身体呢？比丘们！比丘到森林中，或到树下，或到隐蔽无人处，盘腿而坐，端正身体，把注意力放在嘴巴周围，保持觉知，觉知呼吸时气息的出入情况。入息长时，他清楚了知："我入息长。"入息短时，他清楚了知："我入息短。"出息长时，他清楚了知："我出息长。"出息短时，他清楚了知："我出息短。"他如此训练自己：当我感受（息之）全身，而入息；他如此训练自己：当我感受（息之）全身，而出息；他如此训练自己：当我寂止身行，而入息；他如此训练自己：当我寂止身行，而出息。
>
> 比丘们！就像技术熟练的木匠或他的徒弟，当他锯木做一次长拉锯的时候，清楚了知：我做了一次长拉锯；当他做一次短的拉锯时，他清楚了知：我做了一次短拉锯。
>
> 于是他就身体内部观察身体，就身体外部观察身体，同时就身体内部、外部观察身体。因此，他观察身体当中不断生起的现象，他观察身体当中不断灭去的现象，他同时观察身体当中不断生起、灭去的现象。
>
> 于是他清楚觉知：这是身体！修成了只有了知和只有觉照的境界，超越执着，不再贪着身心世界的任何事物。
>
> 比丘们！这就是比丘如何观察身体。

下面是我们临床常用旁观身体的指导语：

> 把所有穿得紧绷的衣服松开，特别是你的袖口和领口，最好也脱掉鞋子。
>
> 躺在床上或垫子上，把双臂放在两边，手心朝上，两腿分开。如果感觉不舒服，可以在膝盖下面放一个枕头，或者干脆把膝部半屈。当然你也可以坐着练习。

首先，从头到脚检查整个身体，从头顶开始，逐渐放松你的眼睛、面部、肩膀、手臂，注意脊背部保持挺直，让你的整个身体尽量舒适、自然、稳定。

然后，收敛感官，引领觉知回到当下这一刻，将注意力逐渐集中于你的呼吸。感受每一次"呼——"每一次"吸——"体察每一次吸气时，唇部上方以及鼻腔是否体会到空气经过的凉意，或者摩擦。仔细体察呼吸过程中，每一点细微的感受，从鼻腔到胸腹部微微地起伏。

现在，当你在感知呼吸的时候，也许身体中会出现一些强烈的感受，也许是膝盖的疼痛，或者是某些部位的紧张，或者是能量在身体中流动时引起的冷、热、麻或者是胀的感觉，如果这些感受逐渐强烈，令你无法忽视，那就将注意力从呼吸转到这些感受上，觉察它、体会它，带着觉知和全然的包容去接纳它。

现在，尝试命名你此刻正体会到的感觉，比如，痛、痒、冷、热或者麻，不管这感受是什么，有多么强烈，请你只是全然地觉察它，体会它微妙的变化，尝试以一种放松的方式去感知它，就像对待呼吸一样去温和地接纳它、觉察它、命名它，就只是去觉知，而不要生起任何情绪或者评判。

……（冥想三分钟）

在冥想过程中，我们对呼吸和感觉的关注会不停地转换，当身体的某种感受比较强烈的时候，就将你的意识中心集中在对感觉的觉察上，当这感觉逐渐消失的时候，就再次将注意力拉回到你的呼吸。

……（冥想三分钟）

觉察你的呼吸和身体的感受，顺其自然。去仔细觉知每一种感受的升起、停留，还有逐渐地消失。觉察各种感受怎样此起彼伏，自然而又柔和地在你身上发生、进行。如果你发现自己走神了，在你觉察到之后，就将它牵引回呼吸或者对身体的感受，觉察当下你整个身心，每一点最精微的感觉。

……（冥想三分钟）

下面，将你的觉知全然关注于当下这一刻、你身体的感受以及呼吸之上，就这样，直到预定时间结束训练。

二、旁观思维

(一) 为什么要旁观思维

1. 纯理性思维的局限性

随着笛卡尔提出"我思故我在",人类的理性思辨能力得到了极大的发展,并对自然科学作出了很大的贡献。但是,由于人们把理性与情绪、感觉分离,纯理性思维的局限性也逐渐突显。

17世纪的帕斯卡尔认为,人性(包括其所有的种类和矛盾)不可以通过数学理性来加以理解,而且理性的确定在任何意义上都不可能像对几何学和物理学的确定那样出现在人类情感这个领域中。他对当时普遍存在的对理性的信心提出了质疑,因为它没有考虑到情感的力量。他还指出,个体身上的理性在真实的实践中是顺从于每一种感觉的,而理性非常频繁地用于对空虚、特殊兴趣和不公平的合理化。

克尔凯郭尔亦反对传统理性,认为那是假的。他强烈地提出,黑格尔将抽象思维等同于现实的体系,是一种欺骗人们回避人类情境的现实方式。他呼吁:"离开思辨,离开'那个体系',回到现实中来!"他坚持认为,思维不能与情感和意志分开,"真理只为那些自己在行动中创造了真理的特定个体而存在"。也就是说,只有一个情感的、能够做出行动的,而且还能思维的有机体这样一个完整的个体,才能够接近现实并体验到现实。

米格尔·德·乌纳穆诺在《生命的悲剧意识》中更是尖锐地提出:

> 人类思维的悲剧性历史就是理性与生命之间斗争的历史——理性致力于给生命以合理性,并迫使它屈从于必然性、必死性;生命致力于给理性以生命力,并迫使它成为维持生命欲望的支撑。

阿奇巴尔德·麦克利许提出了相似的观点:

> 我们是地球上最有知识的人,我们为事实所淹没,但我们丧失了,或者正在丧失作为人感知事实的能力⋯⋯我们现在通过头脑、通过事实、通过抽象去认识。我们似乎不能像莎士比亚那样感知,到底是什么促使他让

李尔王在荒原上对失明的葛谢思特呼嚎道："……可是你却看见这世界的丑恶。"葛谢思特答道："我只能捉摸到它的丑恶。"

有心理卫生科临床经验的人都会同意，对纯理性思维的高级知识分子的精神分析不容易获得成功。他们在咨询时可能滔滔不绝地谈论自己的问题，用词往往比较严谨，并经常做笔记，对自己和他人的情感体验能力却相对较弱。威廉·赖希将这种人称为"活着的机器"。

罗洛·梅认为，这类来访者的治疗不容易获得成功的主要原因在于，"他们的问题倾向于被理智化，而且伪科学的分离代替了情感的介入"。他进一步提出：

在我们这个精神分裂症性的时代，似乎每一个人都在尽力地成为一个不好的意义上的知识分子，也就是说，每一个人都试图通过谈话来生活在他自己的生活之外，而且他认为，如果他能使得他的谈话在科学性和理性方面受人尊敬，那么他就是成功的。

……

以左脑活动为基础的垄断性知识，呈现的不是真正的科学而是一种伪科学。如果治疗师不对除了人类理性之外的交流方式保持开放的话，他们就脱离了大量的事实。

我们体会，治疗过程中过多地与来访者讲理是无效的，用禅学内观的方法去唤醒被其封闭或隔离的情感会有助于治疗。

2. 二元对立思维会导致痛苦

二元对立思维是指人的内心所产生的好恶、美丑，我想这样不想那样，非得这样不能那样，非此即彼的一种思维现象。

自有人类以来，这种思维就指导着人们的实践。在我们的社会中，我们对于自己恐惧的东西往往冠之以"错"、"恶"等名称，对自己所喜好的东西则冠之以"对"、"好"等名称。正如加缪所描述的："活着，就是在判断。"

从心理卫生的角度看，这种二元对立思维对心理健康是不利的。因为，所有人身上都既存在善的一面，也存在恶的一面，没有人可以坚持使他自己具有道德的优越性。不承认这一点，就会产生巨大的痛苦。正如马克斯韦尔·安德森《温特赛》中曾判处萨科和万泽蒂死刑的法官。他在自己的老年岁月里，不停地向他人解释自己当年的行为，试图为自己的行为辩护，他无法忘记，也无法把自己的行为与自我形象整合到一起。最后，他患上了老年精神病。

其实，人是一个由各种矛盾力量组成的统一体，我们只能去整合这些力量，而不能用所谓的"正面能量"去压制"负面能量"。荣格曾问："你究竟愿意做一个好人，还是一个完整的人？"显然，荣格是建议我们活出全部真实的自己。罗洛·梅也提出：

"龙怪和斯芬克斯都存在于你的内心。"……我们首先必须察觉到它们。我们的错误不在于制造神话，那是人类想象力健康、必要的功能，是走向心理健康的助力。我们以理性教条为基础对其加以否认的做法，只会让我们内心的邪恶和我们这个世界的邪恶更难处理。不，龙怪和斯芬克斯本身并不是问题。问题仅仅在于，你是投射它们还是直接面对并整合它们。承认它们存在于我们的内心，就意味着承认在同一个人身上既有善的一面，也有恶的一面，而且邪恶潜能的增加与为善的能力成比例。我们所寻求的善，是一种日渐增强的敏感性、一种敏锐的觉知，也是一种增加了的对善恶的意识。

布根塔尔更是明确地提出：

现在是愈合的时候，是对新生活抱有希望的时候。秘密的自我不再被隐藏。我在愧疚中漂浮，我发现自己并没有被淹没。我逐渐利用新的关系冒险让我越来越多地被人们熟知，我发现自己受到了欢迎……所以，结束了吗？已经治好了吗？我归根结底是"正确的"吗？不，不是这样的，还没有结束，裂缝还在那儿，尽管跟以前相比已是那么小了。我治愈了，我也开放了，我比以前治疗得更好了。为了成为我之为我的那个人，我放弃了成为"正确的"。

从我们临床"禅疗"的实践看，包括观念头在内的正念训练有助于让这种二元对立思维得到整合。

3. 不适当的自我对话会制造麻烦

自我对话又称内心独白，是我们在头脑中自己跟自己讲话。例如，当你开车去上班，路上遇到交通高峰期，一路上走走停停，很令人恼火。在这种状况下，你可能会在心里自言自语："我受不了了"；"早知这样，不如换条路走"；"每天如此，真是受罪"……这样想下去，你就会感到焦虑、愤怒和挫折感。

诸如此类的自我对话在我们的日常生活中非常普遍。在心理障碍患者中，这种自我对话尤为多见。例如，受焦虑、恐惧、强迫、抑郁等折磨的人群会反复对自己说："如果／万一……那怎么办"；"我不如其他人""我不行"；"我应该""我不得不""我必须"；"我永远／总是"……

而且，这种自我对话往往是自动快速地产生，我们甚至都注意不到它们。于是，我们经常会认为是外部的情景让我们产生了这些感受，但实际上我们对外部事件的解释和看法才是形成这些感受的基础。正如罗兰德·库恩所说：

> 如果我们"对他的思想比对其行为更在意，并且又对他的思想的来源比对那些行为的后果更在意的话"，那么描述这样一个罪犯的故事总是富有意义的。但有些人自己既不能意识到其思想，也不能意识到其思想的来源。

禅修中的旁观、贴标签等方法有助于让我们的大脑停止不适当的自我对话。

（二）如何旁观思维

旁观思维的训练又称为观念头训练，属禅学观身念处范畴，要求不带任何信任或怀疑的态度，不纠缠、不挣扎地来审视自己的思维。可参考下面的指导语进行：

> 首先，找一个舒适、稳定的姿势坐好，我们仍然从对呼吸的觉知来开始这一段练习，并以呼吸作为练习的中心。
>
> 现在，调整你身体的坐姿，让身体保持稳定、舒适。而后，将注意力完全关注于你的呼吸，去仔细觉察每一次呼吸的开始、过程以及结束，看

今天你的呼吸是否有什么不同的感受,会稍长些?稍短些?还是更加柔和些?当你在关注呼吸的时候,你的身体有些怎样的感受,或者你感受到的声音、情绪是否变得更加强烈。

现在,将注意力从呼吸转移到你的感受,仍然去尝试命名每一个你所体会到的感受,像观照呼吸一样,毫无分别地去觉察它。

下面,我们来试着加上对心中浮现的念头的觉知,在观照呼吸的同时,如果你脑海中冒出了某些强烈的念头萦绕不绝,你可以去转而关注它。它也许是一些图像、语句,或者是一些回忆、想象或者计划,当你捕捉到它之后,尝试去命名这些念头,比如:想法——想法,想象——想象,回忆——回忆。

非常简单,通常当你有意识地去觉知这些念头的时候,它们就会像尘雾一样消融在你觉知的阳光中,而后当念头消失,再次将注意力牵引回你的呼吸。

如果某个念头确实很强烈,可能它会一直在那里浮现,不容易消散,那就请你一直保持旁观的觉察去命名它,而后这个念头就会逐渐减弱,直到它最终消失。

你可以简单地以呼吸作为冥想的中心,如果各种感受纷繁复杂,此起彼伏,那就将注意力尽可能回到呼吸上,如果某些感受、念头或者情绪确实太过强烈,让你无法忽视,那就去觉察它,命名它,保持对它的觉知。但在觉知的同时,保持开放、接纳的心态,不要有任何分辨和评判,直到它最终消失,而后再次回到你的呼吸上来。

带着精微的觉知去观照呼吸,或者去觉察、感知当下出现的强烈的感受或念头。

……(冥想三分钟)

最后,专注于当下的感受,不必刻意去改变什么,只是温和而精微地去感知、觉察。

除上述的正式训练方法之外,下面的两个小技巧也可能对你会有帮助:
(1)观察思维列车

假想你现在正站在铁路桥上凝视着一个三轨道的铁路。每一个轨道上都有一列缓缓移动的列车。每列车都是由一些装着矿石的小车厢组成的。列车看起来没有尽头,三列车都轧轧轧地在桥下缓缓行驶着。

现在,在你往下看时,假设左边这列车上装载的"矿石"是你现在正关注的事情。这些"矿石"由感觉、感知和情绪组成。包括你听到的声音,感觉到的急促呼吸,感受到的愤怒……中间这列车装载的是你的想法:你的判断、预测、自我对话……右边的列车装载的则是你迫切想做的事,你尽力想逃避的场所,以及尽量想要改变的事件……向下看这三列火车,其实就是旁观自己思维的一个隐喻。

现在,找一个安静的地方舒服地坐好。想想自己最近都被什么折磨,然后闭上眼睛想象这三列火车。然后,让自己待在铁路桥上,往下看。看看自己的思维开向了什么地方,或者看看自己坐在哪一列车上正轧轧轧地往前开,陷入其中无法自拔,比如认为自己没有价值或为过去做过的错事而不断自责……留意是什么让自己无法自拔。放过它,然后在意识中回到铁轨上方的桥上,继续往下看。

(2)流水上的落叶

找一个安静的地方坐好,想象一条美丽的缓缓流动的河流。水流越过岩石,绕过树丛,流下山坡,穿过谷底。偶尔会有一片落叶飘进河流中,随波漂流。假想你正坐在河边,看着落叶随波流转。

现在,开始关注你自己的思维。每当头脑中出现一个念头时,就想象这个念头是写在一片落叶上的。如果你是用语言的方式在思考,那么就用语言把念头写在落叶上。如果你是以图像的方式在思考,就把这幅画面画在落叶上。目标就是待在河岸上,看着这些落叶随波漂流。不要让水流变快或是变慢,也不要试图以任何方式改变落叶上显示的内容。如果叶子消失了,或者是自己的思绪飘向了别处,或者是发现自己身处水中或是落叶上,就立刻停下来,留意发生了什么。把这些杂念撇开,再回到河岸上,重新关注自己头脑中出现的想法,把它写在落叶上,让其随着落叶漂流在水面。

三、旁观情绪

(一) 为什么要旁观情绪

1. 情绪在生命旅程中具有重要意义

有心理卫生科工作经验的人大部分会同意:个体从根本上来说都是感性的。因为,情绪使得我们能够对那些与我们的幸福密切相关的情境保持警觉;通过评估需要是否得到满足,情绪能为我们提供哪些情境是好的、哪些情境是坏的。同样,情绪使得我们在这些重要的情境中作好准备,指导我们采取行动,满足我们的需要。此外,情绪还是我们基本的沟通系统,当我们表达情绪时,能够迅速地把我们的意图符号化,并影响到其他人。从某种程度上可以说,作为我们基本意义、沟通和行为定向系统的情绪,决定着我们是谁的问题。

有学者针对"我思故我在"的局限性,提出了"我感故我在"的观点。这在心理疗愈中具有重要的意义。因为,我们首先是感受到,然后我们才思考,并且我们经常仅在所感受的范围内思考。换句话说就是,情绪改变是持久的认知和行为改变的基础。正如阿诺德·班尼特所说:

> 如果没有情绪,知识无法存在。这是因为,我们或许能够认识到真理,但是却无法感受到真理的力量,大脑的认知必须加上心灵的体验,我们才能够确信真理。

上文"纯理性思维的局限性"中对情绪的作用已做了许多讨论,此处不再赘述。

2. 趋乐避苦是解决情绪问题的错误方法

追求想要的情绪,同时避免不想要的情绪是人的本性。我们从小就被灌输这样的观念:情绪有好坏之分,正面和负面之分,愤怒、恐惧、焦虑、嫉妒等情绪是坏的，快乐、开心、高兴等情绪是好的。作为一个孩子，你的种种感受和情绪都被淹没在各种评价之中，这些评价从孩童时期就伴随着你，而价值和力量同样蕴含于负面情绪之中，这一点却往往遭到否认。人们不鼓励一个孩子去认真对待自身的情绪并感知其中蕴含的信息。恐惧被轻描淡写地驳开：你咋这么胆小呢！努力去克服吧；愤怒则被看作叛逆或不听话的表现；抑郁常被看作无能或不坚强……人们在希望与不希望看到的情绪之间划出了明确的界限，这会严重地影响一个人，而当他还是一个脆弱、敏感的孩童时，更是如此。

这样下去，严控情绪必会导致人们不敢再信任其"负面"感受。当他愤怒或反应激烈时，会努力压抑这些情绪，因为他知道周围的人们不会赞同他这样做。当他感到强烈的恐惧时，他会试着鼓励自己压制或逃避恐惧，许多时候也会因此压抑了自身的敏感性。久而久之，成年后的我们也往往对自身的情绪和感受持一定的不信任态度，他认为某些情绪是好的，另一些情绪则是负面的，在与他人交往的过程中必须要掩饰这些负面的情绪和感受。

临床上，许多抑郁障碍、焦虑障碍、恐惧障碍即与这种错误解决情绪问题的方法有关。更有甚者，由于过度、过久地否认或逃避，导致成年后无法在意识中接收到情绪，出现情绪觉察缺乏。这将会剥夺个体很多有价值的适应性信息。述情障碍，即是这种情况的极端例子。正如莱斯利·S·格林伯格所提出：

> 标签自己感受的缺陷还表现为多种不同的形式，如表现在女性身上的边缘人格障碍，表现在男性身上的确认自己感受的困难。逃避或者无能力标签情绪与内在体验是导致焦虑和抑郁的最主要的原因之一。无能力捍卫权力的愤怒或被阻碍的悲伤是多种抑郁的基础。然而，广泛性焦虑中的担忧能够保护个体，使其对抗一些更为初级的情绪，比如羞愧或恐惧。在来访者中，另外一种常见的困难是人们的多数适应性情绪反应被其他情绪反应掩蔽了，比如愤怒隐藏了恐惧。

（二）如何旁观情绪

旁观情绪的训练，属禅学的观受念处范畴，要求你不逃避、不评判和不压抑，而是直面和拥抱情绪。正如《大念处经》中所记载：

比丘们！比丘如何就感受观察感受呢？
比丘们！比丘在经历快乐的感受时，他清楚了知："我正经历快乐的感受。"
在经历痛苦的感受时，他清楚了知："我正经历痛苦的感受。"
在经历不苦不乐的感受时，他清楚了知："我正经历不苦不乐的感受。"
在他执著于快乐的感受时，他清楚了知："我正执著于快乐的感受。"
没有执著于快乐的感受时，他清楚了知："我没有执著于快乐的感受。"
在执著于痛苦的感受时，他清楚了知："我正执著于痛苦的感受。"
没有执著于痛苦的感受时，他清楚了知："我没有执著于痛苦的感受。"
在执著不苦不乐的感受时，他清楚了知："我执著于不苦不乐的感受。"
没有执著于不苦不乐的感受时，他清楚了知："我没有执著于不苦不乐的感受。"

于是他于内部就感受观察感受，于外部就感受观察感受，同时于内部、外部就感受观察感受。因此，他观察感受当中不断生起的现象，他观察感受当中不断灭去的现象，他同时观察感受当中不断生起、灭去的现象。于是他清楚觉知："这就是感受！"修成了只有正念与觉照的境界，超越执著，不再贪著身心世界的任何事物。比丘们！这就是比丘如何就感受观察感受。

下面是我们临床旁观情绪的常用指导语：

首先，找一个舒适的姿势坐好，感觉一下你的身体，调整坐姿，尽量让每一个部位都稳定、放松，能够使你的身体在冥想过程中保持舒适、稳定。

坐好之后，闭上眼睛，让你的后背部尽量挺直，让呼吸更顺畅。接着，从头到脚扫描你的整个身体，调整呼吸，柔和、自然，觉察呼吸的整个过程，以及带给身体的精微感受。

现在，随着呼吸的节奏，放松你的眼睛、面颊和下巴，让你的肩膀、手臂、双手也逐渐放松。下面，再来放松你的胸部、腹部，让身体内在所有的器官也都放松、柔和下来。

接下来，将你的注意力关注于你的整个心绪，观察你当下的情绪，是否有困倦、疲惫，或者喜乐、安详。现在，尝试去感觉你的情绪，但不要生起任何评判、分析。

下面，再来回顾一下今天你所经历过的事情，如果你曾感受到一些明显的紧张、压力、愤怒，或者其他强烈的情绪。此刻，你可以尝试去回忆当时的感受，以及情绪的冲突，而后，试着调整呼吸，让它释放、放松下来。

在我们冥想观照呼吸时，身体也许会生起一些强烈的感受或明显的情绪，比如，烦躁、紧张、压力、恐惧或者喜乐、自在……这时，你可以先把对呼吸的关注放下，去觉察这些升起的情绪，而后去接纳它，像观照呼吸一样去全然地觉知它。如果这感受很强烈，你可以给它标记一下，比如，焦虑、愤怒、烦躁、喜乐或是悲伤，而后尝试体察，看你在觉知它时，这些情绪会有什么变化，是持续一段时间？还是变得更加强烈？或者会逐渐消失？保持对情绪的觉知和观察，不管它最终消失或是始终存在，最终都将你的注意力再牵引回来，去观照下一轮呼吸。

……（冥想三分钟）

觉察你此刻心中的情绪、想法或感受，当它们消失或淡化之后，让注意力再次回到你的呼吸。如果你意识到走神，又开始陷入幻想、回忆，就立刻放下它，轻轻地回到呼吸或对情绪的觉知中。

……（冥想三分钟）

现在，再让我们觉察一下你的情绪如何此起彼伏，但最终仍然回到呼吸上来。

爱

爱超越所有界限和障碍。对立物在爱中会结合起来，融化在一起。爱是与一切合一，爱会延伸到第一件事，不会向任何事退缩。爱无所惧怕，连死亡也不怕，因为爱就是生命。

——托瓦尔特·德特雷福仁

爱在禅学中属于"宽恕"、"慈悲"等范畴，是重要的疗愈态度和能力。

一、为什么要培养爱的能力

（一）冷漠现象比较普遍

20世纪50年代，美国存在主义心理学家罗洛·梅在《人的自我寻求》中提出了人类的冷漠问题：

> 如果我说，根据我以及我的心理学家及心理医师同事的临床经验，20世纪50年代人们的主要问题是空虚，这或许听上去令人惊奇！
>
> 一二十年前，有人还可能嘲笑人们的厌倦无聊，而如今对于许多人来说，这种空虚已从厌倦无聊的状态转变成了一种暗藏着危险的无用感与绝望的状态。
>
> ……人类是不能长期生活在空虚状态中的；如果他没有转向某种事情就会停滞，被禁锢的潜能会变为疾病与绝望，最终会发展为破坏性行为。
>
> 空虚或无聊感……通常是因为人们感到无力对其生活或所生活的世界做任何有效的事。这种内心的空虚感是一个人对自己特定看法的长期的、不断积累的结果。也就是说，他确信他作为一个实体无法控制自己的生活或改变他人对自己的态度，或有效地改变周围世界。因此，他就如当今的许多人那样陷入了深深的无用与绝望。又由于他的所感所想实际上不会改变什么，因此他很快就会放弃其愿望与感觉。
>
> 冷漠与感觉缺乏也是对抗焦虑的防御手段，当一个人持续面对他无力应对的危险时，他最后的防御手段就是最终甚至连对危险的感觉也放弃。

进入21世纪以来，这种状况非但没有缓解，反而似乎越加严重了。我们一方面在追求享受，主张及时享乐，并且精明地计算利害得失；另一方面却在真正具有意义的事情上显示出了惊人的无知与冷漠。这些重要事情包括生命与死亡、理想与现实、幸福与疾苦、存在与意义、尊严与耻辱等。三聚氰胺事件、药家鑫事件、苏丹红事件、雀石绿风波……无不显示出了我们社会的冷漠。

之所以如此，与我们缺乏爱的能力有关。

（二）爱常常被错误表达

在传统哲学中，爱常被分为四种：第一种为性爱，如我们所称的性欲或力比多；第二种为爱欲，即让人有繁殖或创造的欲望的爱的驱力，它是朝向存在与关系这样更高级形式的欲望；第三种是菲里亚，即友谊，朋友之情；第四种为博爱，也被称为"同胞爱"，是对他人幸福的关爱。

我们平常所体验到的真正的爱则是这四种爱的成分以不同比例混合在一起的爱。但是，从我们周围的各种现象看，爱已被庸俗化和物质化了，性交易和物质交易是爱的常见错误表达类型。

1. 性

我们的社会把发生性关系称为"做爱"。除有感情投入的性关系之外，这种说法在其他情况下是对爱的错误表达。例如，我们社会流行的包二奶现象、滥交现象就与下列因素有关：证明自己的身份感和能力、克服孤独的愿望、逃避空虚感与冷漠感。从心理动力学的角度看，这种行为恰恰是对潜意识中无效力／缺乏爱的能力的补偿。正如罗洛·梅所说：

> 在一个以数字无情地取代其他而成为身份证明的手段的世界中，在一个将"正常"定义为保持冷漠状态的世界里，性变得如此唾手可得，以至人们保持任何内心世界的唯一方式就是学会在性生活中不投入感情……
>
> 为了表现得更好，就要使人的自我感觉更少！这是一种恶性循环的象征，既鲜明生动又恐怖！我们的文化就陷入了这种恶性循环之中。一个人越是要证明自己的力量，他就越要将性交——这种所有行为中最亲密的、最个人的行为——当作迎合外界评判标准的表演。他越将自己看成可开动、调整和操作的机器，他对自己或其伴侣的感觉就越少。而没有感觉，他的真正的性欲望和性能力失去的也就越多。这种自我挫败的结果是最有性能力的爱人最终也成了性无能。

这类个体既不了解他人，也没有投身于和他人建立关系。他们不关心他人的成长，也从来没有完整地"看到"他人。不过他倒从来没有丧失对自己的关注,他并不存在于"彼此之间",却只是一直观察自己。布伯把这种倾向称为"自照",并为这种没有真诚对话、只有独白的性关系感到叹息,这是一个镜中倒影的世界。布伯对这类"好色之徒"作了如下形象的描述:

> 多年来我对男性世界很好奇,一直研究各种"好色之徒",有人身边有爱人,但是他只爱自己的激情;有人把自己分辨出的各种感受像勋章一样挂在身上;有人充分享受自己充满魅力的冒险;有人因献出自我而心醉神迷;有人展示他的"强大";有人因为借来的活力洋洋自得。有人高兴的原因是自己既作为自己存在,也作为和自己完全不同的偶像存在;有人用落入某生活的"火焰"温暖自己;有人在做实验。诸如此类,在进行最亲密对话的房间中,各式各样的好色之徒在对着镜子独白。

2. 物质化

在我们的文化中,结婚讲究"门当户对",跟爱似乎无关。以前在订婚前女方要去男方家"看家",看看是否有三大件:70年代的自行车、手表和缝纫机,80年代的冰箱、彩电和洗衣机,90年代的电脑、空调和摩托车,现在其实也一样,要看有没有房子、车子和票子。

夫妻间如此,亲人间、朋友间、同事间更是如此,所有的"爱"似乎都是建立在"物质"、"人情"的基础之上。在我们的俗语中,送给别人礼物叫"送人情"。因此,准确地说,在我们的社会中,爱的能力是普遍缺乏的。难怪林语堂提出:"人情、面子、命运是统治中国人的三大女神。"

3. 伪爱和滥爱

中国人把"仁"列为"五常之首",这个字由"人"与"二"两部分组成。也就是说,仁爱是在两个人的相互交往中发展起来的。我们现在天天喊:一切以XX为中心,为了XX的利益,为XX服务……看看各种腐败、商业丑闻就知道,我们口中喊的"爱"是一种伪爱。正如明恩溥在《中国人的气质》里所说:

> 百姓的态度与政府如出一辙,百姓们无论个人还是集体,只要自己的财产没有遭受损失,就都不会对公共财产表示出责任心……中国人不仅对

"公共的"一切都漠不关心，而且，所有那些没有得到看管的现成财产都成了盗窃的目标。

......

所有这些事例都会使人得出这样一个看法，即行善不是为了让"善举"的对象获益，而是为了给行善者带来回报。中国人做善事的目的就像在骰子游戏中掷出"四点"来一样，每一个人之所以这么做的主要原因，就是他肯定自己能"更进一步"。

除上述伪爱之外，滥爱现象也是对爱的错误表达。例如，溺爱孩子的父母的口头禅经常是："还不是为了你好"，"要不是你，我们才不会这么辛苦！"；"能干"的领导不断搞学习月、质量月，组织各种名目的活动，要求员工写心得体会，制定360度考核；医生累倒在手术台边，教师累倒在讲台旁……

从心理动力学的角度看，这种滥爱现象或许是内心缺乏爱的能力的补偿行为。这些行为许多时候对"存在"意义上"人"的成长不利，而且还可能带来危险。因为，真正地帮助一个人指的是"唤醒他或她，使其看到自身之光，认识自身的力量"。也就是说，你在尊重对方和自己是独立个体的同时，又时时轻推对方一把。

同样的，"必须帮助他人"或者"必须如何对待他人"诸如此类的感觉和想法对心理卫生也是不利的。因为，这些语言和行为的背后可能是你内心深处蛰伏的无价值感，它一直喋喋不休地告诉你：不许违背各种准则，不许与众不同；必须要做一个可爱、友善和乐于助人的人，必须要不断改变自己以适应社会……正如罗洛·梅所说：

这个社会充满焦虑、寂寞、空虚的人。在我们的社会中，有各种"依赖"伪装为爱，有的是互相帮助，有的是彼此满足欲望，有的是透过各种人际关系进行的商业活动，有的甚至明显是因寄生而引起的被虐待狂。两个感到孤独和空虚的人彼此联系，以一种心照不宣的默契，让彼此免受寂寞之苦，这也很常见。

二、如何培养爱的能力

爱在禅学中有慈、悲、喜、舍四个层面。公元 2 世纪的禅学家龙树提出：

> 行慈无量，熄众生心中的愤怒。行悲无量，熄众生心中一切忧郁和焦虑。行喜无量，熄众生心中的悲伤和无欢。行舍无量，熄众生心中的仇恨、厌恶和执著。

其中慈悲是最高贵的生活方式，修习慈悲禅可唤醒匿居心底的爱之源。正如《慈经》中所说：

> 希望达到安乐平静的人，应学行正直、谦恭，懂得使用爱语。他们懂得简单和幸福生活、慈和、恬淡、少欲，不跟随大众比较和竞争。
> 他们不会做任何智慧者所不认同的。
> 他们的心经常忆念：
> 愿所有人和众生生活得幸福、安全、心思贤厚和自在。
> 愿地球上所有生物生活安宁，无论是弱的、强的、高的、矮的、大的、小的、我们能看到的、我们不能看到的、近的、远的、已生的和将生的。
> 愿不会有任何人杀害其他人，不会轻视其他人的生命，不会因为愤怒和恶心带给其他人痛苦和困难。
> 犹如母亲以自己的生命保护她唯一的孩子，我们以慈悲心对待一切众生。
> 我们以无界限的慈悲心覆盖全世界和众生，由上而下，由左至右，慈悲心不受任何东西所分隔，我们的心没有任何的仇恨或怨愤。不论任何时候，在行、住、坐、卧时，只要清醒的时候，我们愿保持心中的慈悲。慈悲的生活是最高贵的生活。
> 不落入邪见和贪欲，过着安宁的生活，达到觉悟，修行将真正超越生死。

具体在练习爱的禅修时，我们可参考下面的指导语进行：

现在，我们来进行爱的修习。

采取坐姿，你的目标是培养对自己和他人的爱。承认一个事实，无论我们对外如何表现，人人都能体验到恐惧、悲伤或者孤独的感觉。所以，在这段练习中，应当祝福自己，并将祝福转换成对他人的爱。

首先，感觉一下你的身体，调整坐姿，尽量让每一个部位都稳定、放松。然后，专注观照一下你的呼吸，然后观照全身。

准备活动做好之后，通过对自己说下面的话来表达你对自己的爱：

"愿我平安，不致遭受苦难的折磨。无论发生什么，我都会保持快乐和健康，愿我能够轻松地生活。"

不要着急，慢慢来，把讲出上面字句的声音想象成鹅卵石掉进深井里发出的响声。每次扔下一颗鹅卵石，然后倾听声响、思绪、感觉、身体知觉，无论身心出现何种反应，不要判断对错，它们都是你自己的反应。

"愿我平安，不致遭受苦难的折磨。无论发生什么，我都会保持快乐和健康，愿我能够轻松自在地生活。"

如果你发现很难对自己产生爱的感觉，不妨想想某个无条件爱着你或者爱过你的人，甚至宠物。当你切身感觉到他们对你的爱的时候，看看能否对自己也产生这种爱。

"愿我平安、快乐、健康，愿我轻松自在地生活。"

选择一个特定的时机，想想某位爱你的人，以同样的方式祝福她或他：

"愿他们平安，不致遭受苦难的折磨。无论发生什么，他们都会保持快乐和健康，愿他们能够轻松自在地生活。"

接着选择一位陌生人，可以是你经常在大街、公交车或者地铁上见到的人，你能认出对方，但也许不知道他们的名字，对其既不喜欢也不讨厌，虽然你不认识这些陌生人，但他们的生活极有可能像你一样，充满了希望与恐惧，他们像你一样也需要快乐。所以，请记住这些人，重复下面的话，祝福他们：

"愿他们平安，不致遭受苦难的折磨。无论发生什么，他们都会保持快乐和健康，愿他们能够轻松自在地生活。"

现在，如果你愿意进一步拓展本次练习，可以找一个自己不喜欢的人，不一定是你最不喜欢的人，只要感到不太喜欢即可。或许是工作时遇到的，或者家庭中的某个人，你目前对其有一定看法。无论选择了谁，你都尽量允许此人的形象在内心和脑海中停留，承认他们也希望过快乐的生活：

"愿他们平安，不致遭受苦难的折磨。无论发生什么，他们都会保持快乐和健康，愿他们能够轻松自在地生活。"

如果你感觉不到爱，不要担心，只要保持意念上的友善倾向即可。请记住，无论什么时候，一旦出现了紧张的感觉或者极端的想法，你总是可以通过观照呼吸的方式，找到锚点，以便关注当下，善待自己。

最后，把爱扩展到所有生灵，包括你爱的人、陌生人以及你不喜欢的人，这里的目的是，把你的爱扩展到地球所有的生灵身上，请记住，所有生灵当然也包括你自己。

"愿大家都平安，不致遭受苦难的折磨。无论发生什么，我们都会保持快乐和健康，愿我们能够轻松自在地生活。"

最后，把注意力引回呼吸和身体知觉上，在对当下一刻的清醒觉知中休息，做现在的自己，保持身心的完整和独立。

需要注意的是，这种爱的禅修与西方的"爱人如己"相似，但与我们文化中的集体主义是风马牛不相及的。

小结：牧牛的过程

只要将心念切换到全心全意地安住当下，让心向内活在自己的中心，生命的本然和活力才能联结。

——《正念：身心安顿的禅修之道》

如果我们坚持上述练习，就有可能摆脱"存在性"痛苦，达到"存在正念"的状态。在这种状态中，我们释放掉了各种意识，比如自己的身体、思维、情绪、健康、疾病、欲望、恐惧等，只是专注于自己的存在感以及"我存在"的状态。换句话说，就是达到了悟境或空性的状态。

下面借用宋·廓庵师远禅师的《十牛图·颂》和宋·普明禅师的《牧牛图·颂》中的诗偈来总结一下修禅的过程。

一、《十牛图·颂》中的诗偈

寻牛·第一

茫茫拨草去追寻，水阔山遥路更深；
力尽神疲无处觅，但闻枫树晚蝉吟。

著语：从来不失，何用追寻？由背觉以成疏，在向尘而遂失。家山渐远，歧路俄差；得失炽然，是非蜂起！

这段话告诉我们："真实的生命／生命的本体"从来就不曾失去过，根本用不着去追寻。但由于缺乏觉知导致自己在尘世中迷失，与本性／真我疏离。个体的痛苦／心理障碍也就由此产生。为了摆脱痛苦，需要寻找疗愈生命的方法。

见迹·第二

水边林下迹偏多，芳草离披见也么？
纵是深山更深处，辽天鼻孔怎藏他？

著语：依经解义，阅教知踪；明众器为一金，体万物为自己。正邪不辨，真伪奚分？未入斯门，权为见迹。

这段话告诉我们："真我"隐藏在我们生活着的世界和环境中，只要稍微留心，还是可以发现一些"存在"的意义和价值的。重要的是分别真假、正邪，不能被似是而非、光怪陆离的世界欺骗了。

见牛·第三

黄鹂枝上一声声，日暖风和岸柳青；
只此更无回避处，森森头角画难成。

著语：从声入得，见处逢源；六根门著著无差，动用中头头显露。水中盐味，色里胶青；眨上眉毛，非是他物。

这段话告诉我们：随着个体观照自我的感受和觉知的深入，终于瞥见了"真实的生命/生命的本体"的形象。但由于不断受外界环境的影响和自身情绪、态度、行为等的频繁活动，仍难以把握住"真我"。

得牛·第四

竭尽精神获得渠，心强力壮卒难除；
有时才到高原上，又入烟云深处居。

著语：久埋郊外，今日逢渠；由境胜以难追，恋芳丛而不已。顽心尚勇，野性犹存；欲得纯和，必加鞭挞。

这段话告诉我们：发现了自我之后，还需调控自我。否则，又会因外界尘世的诱惑而心生贪恋，习气难改，重回自我迷失的道路上。所以，自我训练是非常重要的。

牧牛·第五

鞭索时时不离身，恐伊纵步入埃尘；
相将牧得纯和也，羁锁无拘自逐人。

著语：前思才起，后念相随；由觉故以成真，在迷故而为妄。不由境有，惟自心生；鼻索牢牵，不容拟议。

这段话告诉我们：在发现"真我"之后，也会出现各种烦恼。所以仍需加紧"正念"训练。对我们狂野的心性，我们要耐心地运用"正念"去"观照"，将其驯服。

骑牛归家·第六

骑牛迤逦欲还家，羌笛声声送晚霞；
一拍一歌无限意，知音何必鼓唇牙。

著语：干戈已罢，得失还无。唱樵子之村歌，吹儿童之野曲。横身牛上，目视云霄；呼唤不回，牢笼不住。

这段话告诉我们：通过禅疗，我们的心理冲突已得到解决，心性不再乱跑。也就是说，生命已获得了全新的体验。

忘牛存人·第七

骑牛已得到家山，牛也空兮人也闲；

红日三竿犹作梦，鞭绳空顿草堂间。

著语：法无二法，牛且为宗；喻蹄兔之异名，显筌鱼之差别。如金出矿，似月离云；一道寒光，威音劫外。

这段话告诉我们：经过禅疗，觅得"真我"以后，人格获得整合，也就无所谓"烦恼"与"菩提"了。

人牛俱忘·第八

鞭索人牛尽属空，碧天辽阔信难通；

红炉焰上争容雪，到此方能合祖宗。

著语：凡情脱落，圣意皆空。有佛处不用遨游，无佛处急须走过。两头不着，千眼难窥；百鸟衔花，一场懡㦬。

这段话告诉我们：自我超越之后，就无所谓美丑、善恶、是非、生死等"存在性"困境了。

返本还源·第九

返本还源已费功，争如直下若盲聋；

庵中不见庵前物，水自茫茫花自红。

著语：本来清净，不受一尘；观有相之荣枯，处无为之凝寂。不同幻化，岂假修治？水绿山青，坐观成败。

这段话告诉我们：达到"无我"的状态之后，一切依照自然的本色去进行，实现生命真正的价值，这相当于人本主义心理学中的自我实现状态。

入廛垂手·第十

露胸跣足入廛来，抹土涂灰笑满腮；
不用神仙真秘诀，直教枯木放花开。

著语：柴门独掩，千圣不知；埋自己之风光，负前贤之途辙。提瓢入市，策杖还家；酒肆鱼行，化令成佛！

这段话告诉我们：在"利己"之后要"利他"，换句话说就是"自助与助人"。

二、《牧牛图·颂》中的诗偈

未牧·第一

狰狞头角恣咆哮，奔走溪山路转遥；
一片黑云横谷口，谁知步步犯佳苗。

这段话告诉我们：未经训练的心性是狂野的，我们的念头、情绪、行为经常给自己和周围环境制造麻烦。

初调·第二

我有芒绳蓦鼻穿，一回奔竞痛加鞭；
从来劣性难调制，犹得山童尽力牵。

这段话告诉我们：心性难驯，我们必须勤勉地去"正念"、"观照"。

受制·第三

渐调渐伏息奔驰，渡水穿云步步随；
手把芒绳无少缓，牧童终日自忘疲。

这段话告诉我们：要把禅修的方法融入生活，时刻不能放松。

回首·第四

日久功深始转头,颠狂心力渐调柔;

山童未肯全相许,犹把芒绳且系留。

这段话告诉我们:禅修训练有成效后仍需用功,否则可能前功尽弃。

驯伏·第五

绿杨荫下古溪边,放去收来得自然;

日暮碧云芳草地,牧童归去不须牵。

这段话告诉我们:心性调服后,念头、情绪、行为就不会出去捣乱了。

无碍·第六

露地安眠意自如,不劳鞭策永无拘;

山童稳坐青松下,一曲升平乐有馀。

这段话告诉我们:意识和潜意识"和解"后,身心就安详了。

任运·第七

柳岸春波夕照中,淡烟芳草绿茸茸;

饥餐渴饮随时过,石上山童睡正浓。

相忘·第八

白牛常在白云中,人自无心牛亦同;

月透白云云影白,白云明月任西东。

独照·第九

牛儿无处牧童闲,一片孤云碧嶂间;

拍手高歌明月下,归来犹有一重关。

双泯·第十

人牛不见杳无踪,明月光含万象空;

若问其中端的意，野花芳草自丛丛。

这四段话告诉我们：内心清静以后，生活就会变得自然，人格变得完整，也就无所谓"存在"与"非存在"了！正如爱因斯坦所说：

人是整体宇宙的一部分，是受到时空局限的一部分。他体会到自己及自己的思想和感觉，好像与其余世界是分开的，这是一种意识的错觉。这种错觉对我们来说是一种牢笼，把我们囚禁在个人的欲望里，只对最接近的少数人有感情。我们的任务是扩大慈悲的范围，拥抱所有生命和美丽的大自然，好让自己脱离牢笼，得到自由。

第八章 禅学智慧适合疗愈心理障碍

医生：回陛下，她并没有什么病，
　　　只是因为思虑太过，持续不断的幻想扰乱了她的神经，
　　　使她不得安息。
麦克白：你难道不能照顾一颗生病的心灵吗？
　　　从记忆中拔出一种根深蒂固的悲痛，
　　　抹去写在大脑中的那些苦恼，
　　　用一剂使人忘却一切的甘美的药剂，
　　　把那堆满在胸间、
　　　重压在心头的积毒清除干净吗？
医生：那还是要仰仗病人自己拯救自己。

——《麦克白》

从 2009 年开始，浙江省台州医院心理卫生科把禅学智慧融入到了心理障碍的疗愈中，发现禅学中的"正念训练"以及领悟禅学格言、诗偈和故事的方法，对疗愈抑郁症、焦虑症、强迫症、恐惧症、疑病症、神经衰弱、成瘾症以及其他慢性精神障碍均有帮助。下面将从心理障碍的诊治现状、禅学智慧疗愈心理障碍的意义、禅学智慧在疗愈心理障碍过程中的实务等方面进行介绍。

心理障碍的诊治现状具有局限性

你是否有这样的经历，无论你有没有毛病，反正去检查都能查出

点儿什么毛病来……咳咳，各位精神科大夫，别让节操掉了一地……

——曼弗雷德·吕茨

从精神/心理卫生科临床可以看到，心理障碍者的痛苦与麦克白的痛苦类似。他们找医生求治的目的也相似，"有没有什么药或方法让我不痛苦/感到幸福呢？"当医生回答说："这些病人必须自我治疗，方可。"麦克白正确地予以反击："把药扔去喂狗吧，我才不要你的鬼药。"

事实的确也如此，与消灭有机体患病过程中那些入侵病菌的原则相比，缓解心理障碍的药物是在一个完全不同的原则上发生作用的。一些药物会阻断思维或情绪状态所导致的让人痛苦的结果，但是它们无论如何都不会对其病因产生任何效果。它们能够改变有机体的反应，但是它们却不能触及这些反应原先为什么被歪曲这个问题。

具体地说，尽管抗焦虑药和抗抑郁药能够帮助你不感到焦虑或抑郁，但是对是什么使得你焦虑或抑郁这个问题，它却无能为力。对你来说它使得你不感到焦虑或抑郁也许仍然是有价值的，尤其是可以让你更有效地应对日常生活和工作中的困难，让你在痛苦的境遇中感受不到痛苦。但是，这时候的你只是生物学意义上的人，已不具有"存在"意义上的"灵性"了。

因此，对于心理障碍的来访者来说，仅仅消除他们的症状，而没有帮助他们治愈导致这些症状的潜在问题是有害的。一般而言，症状的作用是提供信号和定向仪以找到潜在的问题。在心理学方面，焦虑情绪和抑郁情绪是告诉个体他有一个潜在的问题需要努力纠正的自然方式。

例如，存在主义认为，人有寻求意义以及调节感情的动机。人们生来就被植入到意义之中，并且持续努力地去发现意义。我们的主要动机是我们自觉自愿地发现生命的意义，意义不能被给予，必须追求才能获得。焦虑和抑郁的出现可能正是来访者无意义感的表达。

下面借罗洛·梅的话再强调一下这一观点的重要性：

当一种治疗是麻醉原始生命力，使之镇静，或使用其他方法回避它而非直面它，这治疗就是失败的而非成功的……

如果现在已经得到完善的这些用于缓解心理障碍的药物以及改变情绪的药物变得广为人们使用，而没有同样地帮助人们解决他们的问题，那么我们将很可能会目睹我们社会中在一个甚至比当前更为广泛的范围内各种新的心理和心身障碍出现。如果我可以冒险做出一个预测的话，那么这些障碍中主要的将很可能是情感淡漠以及内在空虚体验。因此，这些药物绝不会使我们对人的心理学理解变得不那么急迫。实际上，克服我们对这种生物的性质的混淆，然后研究出某种关于人的科学以引导心理治疗的研究，将只会变得更为关键。

德国精神科医生曼弗雷德·吕茨也提出了类似的观点："只有当精神病药物能给患者带来自由时，才能让患者使用药物。实际上，所有出于其他原因的药物使用都是不负责任的操纵。"

心理疗法的情况也类似，目前常用的心理治疗方法能缓解一些心理障碍的症状，但不会向患者提供幸福或生命的意义。因为心理医生并不比其他人具有更多的智慧和生活经验，病人与心理医生之间的谈话是人为的，进行得好，可以称得上工巧，但从来不是直接的。正如曼弗雷德·吕茨所提出：

> 对于精神分裂症患者、抑郁症患者和其他人来说，最好的交流形式就是跟"屠夫、面包师和售货员……"这些普通人对话。因为只有当心理疾患过于严重，实在进行不了这种交流时，才需要心理学专家的介入。但是一旦患者能够重新进行最佳形式的交流，这种介入就应当停止。

此外，现在对健康与疾病的认识存在误区。自世界卫生组织提出了"乌托邦"式的健康理念——"身体上、心理上和社会适应能力上达到一种完美状态。"这种"乌托邦"式的概念导致了很多危害：

（1）诱导许多人无限地"崇拜健康"而忽略了生命的意义，甚至在某些地方产生了一种荒谬的"健康宗教"，身在其中的人们小心翼翼、战战兢兢地活着，为的是能"寿终正寝"；

（2）由于这种健康在现实中根本不可能实现，所以催生了大量的"健康产业"，活跃了许多"保健市场"；

（3）只要你做了足够的身体检查，就会发现或多或少的问题，许多人因此长期往肚子里灌药……

德国著名的精神病学家克劳斯·多尔讷曾通过多家跨区域发行的严肃报纸进行调查，想知道究竟有多少德国人可能患有焦虑症、恐怖症、进食障碍、抑郁症、精神分裂症、各种成瘾症、痴呆症等。简单统计得出的结论是：超过21%的德国人患有需要进行精神治疗的疾病。

可以看出，心理障碍的诊治现状具有明显的局限性。曼弗雷德·吕茨告诫道：

在这个世界上，其实没有精神分裂症，没有抑郁症，没有成瘾症——有的只是承受着各种不同痛苦现象的人……

在精神病学各个领域声势浩大、如火如荼的"早期诊断"热潮也该降温了……谁要是下班后还眉飞色舞地念着精神病学专业理论，在个人生活里到处给别人做诊断，那他还是趁早转行，省得祸害自己还糟蹋他人。此外，给一个根本没想挂号看病的人做出诊断，真是很不合适……严肃地说，在健康人身上故意找茬，是挺下三滥的行为。人不能这样被糟蹋，精神病学也不能这样被滥用……

因此，能否顶住社会压力，不把那些非同寻常或稍微添乱的家伙宣布为"病人"，是对精神病学能否维护自由的考验。

禅学智慧在疗愈心理障碍中的意义

很多心理障碍的表现形式其实并不构成临床性的问题。

——莱斯利·S·格林伯格

心理障碍的治疗之所以那么困难，首先在于心理障碍根植于人类的"存在性"困境（已在第三章论述）；其次，为了摆脱"存在性"痛苦，人们在成长过程中形成了错误的解决方式（已在第二章论述），即神经症性人格/需求。心理学家霍尼曾把容易造成心灵痛苦的神经症性需求或神经症人格归纳为10种：

（1）对爱和被赞许的神经症需求：活着就是为了得到爱和赞扬；

（2）对求助于伙伴的神经症需求：依附于一个能保护自己的伙伴，以免遭伤害；

（3）对囿于自己狭隘生活圈子的神经症需求：为避免失败而无所事事；

（4）对权力的神经症需求：崇拜强权、蔑视弱小；

（5）对剥削他人的神经症需求：害怕别人占他（她）的便宜，但却认为自己从别人身上得到好处是理所应当的；

（6）对社会声望的神经症需求：活着是为了得到认可，获取在别人心目中的威望；

（7）对个人钦慕的神经症需求：活着是为了被别人奉承和恭维；

（8）对个人成就的神经症需求：不顾后果地追求名声、财富和社会地位；

（9）对自足和自立的神经症需求：极力避免对任何人承担责任，不愿为任何事和任何人所累；

（10）对尽善尽美的神经症需求：对任何批评都极为敏感，力图完美无缺。

进一步分析可以发现，这10种神经症性需求或神经症人格均与逃避死亡、无意义、孤独、自由和限制等基本的生命主题密切相关。有精神/心理卫生科临床经验的人都知道，无论是应对人类的"存在性"困境，还是要改变人的"本性"，药物治疗的作用往往是无能为力的，已有的心理治疗方法也暴露出诸如过于繁琐、不够深入、疗效短暂等缺陷。但这些主题恰恰都是禅学研究的核心内容。例如，六祖慧能禅师所说的"生死事大、无常迅速"，云门文偃禅师提出的"好事不如无"，克勤佛果禅师所说的"看脚下"……无不是教人如何去"活"。正如作者曾在"禅疗三部曲"的第一部——《与自己和解：用禅的智慧治疗神经症》中所提出：

焦虑症、强迫症、恐惧症、疑病症、神经衰弱等神经症是一类"怪"病，表面看起来没什么问题，患者内心深处却存在着撕心裂肺的"痛苦"和"冲突"。

神经症的治疗和修禅一样，需要患者自己努力，过度依靠精神科药物、临床医师等外力是不可取的。无论是医生还是病人，如果能在治疗中融入禅学智慧，学习"正念"地、"智慧"地活在"此时此地"之中的技巧，神经症就不知不觉地治好了。

概括而言，禅学智慧疗愈心理障碍的意义主要在于：
（1）与药物结合，起到减少药量、缩短用药时间以及标本兼治的作用；
（2）与心理治疗方法整合，缩短治疗时间，提高领悟能力；
（3）提供"自我训练"方法，促进人格的完整和人性的成长；
（4）教人认清"存在性"痛苦的本质，把痛苦"消失'进'生活里"。

禅学智慧在疗愈心理障碍中的实务

> 存于内心的光辉环绕所有世界，所有生物，善与恶。这是真正的合一，那么，它怎么能容忍自己里面同时有相反的善与恶呢？事实上并没有冲突，因为恶正是善的宝座。
>
> ——巴尔·谢姆·托夫

"禅疗"的方法很多，但基本上可用坐禅或悟禅来概括。我们临床治疗心理障碍时，常根据来访者的具体情况使用正念禅修、慈心禅修，以及领悟禅学格言、诗偈和故事等方法。

一、正念禅修的应用

基于禅学正念的理论，在国外已开发出了正念减压疗法（MBSR）、内观认知治疗（MBCT），这两种方法已证明对焦虑症、抑郁症、强迫症、慢性疼痛、肿瘤的康复有效。其他如情绪聚集疗法（EFT）、辨证行为疗法（DBT）、接受与实现疗法（ACT）均与正念的思路相仿。

第七章所描述的接纳、停顿、专注、旁观技术即是正念禅修的核心。我们体会，除急性、重性的精神疾病之外，其他类型的心理障碍及慢性病均适合练习正念技术。下面介绍常见心理障碍正念治疗技术的操作方法：

1. 强迫杂念的正念操作

强迫杂念是强迫思维中的常见类型，主要表现为头脑中经常出现一些没有意义或者患者主观不想出现的想法、念头或者画面之类，患者想驱除或控制，但是越是这样反而越出现得频繁，并且干扰了患者的日常生活，从而令患者痛苦不堪。

正念治疗的第一步（接纳）是要患者学习"正知"：当下头脑中出现的任何想法、念头、画面都是自然的身心现象，把它看成是"正常"的。因为当下头脑中出现什么样的内容是由你过去的习气和当下的因缘所决定的，里面并没有一个"我"参与其中，不是你当下所能决定的。需要注意的是，我们是接纳"自己会有各种念头"这种现象，而不是接纳"想法、念头和画面的内容"。换句话说就是，允许自己头脑中有一个想法、念头和画面出现，但不要对它们的具体内容发生兴趣。

正念治疗的第二步（专注）是要患者主动把注意力集中在一个地方（如呼吸或其他具体的事物上），让"想法、念头和画面"存在但不与其纠缠，当注意力转移时，轻轻地把它拉回到注意对象上。

正念治疗的第三步（旁观）是要患者及时地观照躯体和内心的反应，如躯体方面的心慌、胸闷、气促、恶心等，心理方面的烦躁、焦虑、害怕、恐惧、抗拒等。

需要注意的是，开始训练时，接纳与专注可以连在一起练习，练习得相对纯熟后重点练习旁观念头。之后可以把旁观躯体和旁观情绪也融入其中。

2. 强迫性穷思竭虑和强迫行为的正念操作

强迫性穷思竭虑者就是对想不清楚的事不放心，总想通过逻辑上的思维分析来消除当下的感受。与此相似，强迫行为患者则通过一些行为来试图摆脱当下的焦虑感。所以正念操作的第一步都是接纳，把当下出现的所有感受/现象看成是正常的；第二步是重新聚集，也就是主动地把注意力轻轻地放在一个专注对象上；第三步是旁观各种躯体和心理方面的感受，持续地以一个旁观者的身份观照它，但不要过度用力，就像看着"天空中的云朵"或"漂在水面的落叶"。我们这么做并不是想让这种感受消失，这个感受停留多久，多么强烈，怎么变化都不是由你去负责，这些只是遵循自然的法则。我们要做的只是带着好奇心，抱着了解这个感受的态度去观照。当然，如果这个想要做的感受太过强烈，做了也没必要谴责自己，只是带着觉知，把这个做的过程放慢。

作者体会，对于强迫性穷思竭虑和强迫行为的正念操作，可与行为疗法中的暴露反应抑制（ERP）整合在一起使用。

3. 社交焦虑症

社交焦虑症患者往往在与人打交道时总觉得自己表情不自然、脸红、紧张，觉得给对方造成不适的反应，担心别人会怎样看自己，从而影响了正常的社会功能。对其正念操作的方法与处理强迫症状类似，先是接纳自己是与众不同的独立个体，不回避，在与人交往时把注意力聚焦在具体的事务上，如果思绪飘到那些不自然感受上时，就轻轻地拉回到具体的事务上，就算出现脸红、结巴，也不要责备自己，重新去聚焦即可。

4. 抑郁障碍

抑郁障碍属心境障碍，许多时候需要药物治疗，正念技术往往在轻度抑郁或重性抑郁的恢复期使用。对其正念操作的第一步还是接纳，即把自身当成"客房"，把"情绪"当成"旅客"，我们唯一需要做的是：不管是高兴还是悲伤，情绪来了就欢迎，情绪走了就欢送。在各种旁观技术中，旁观躯体感受和旁观情绪显得比较重要，需要强化练习。

5. 躯体症状障碍

躯体症状障碍患者反复陈述躯体症状，不断要求给予医学检查，无视反复检查的阴性结果，不接受医生关于其症状并无躯体疾病病变基础的再三保证。对其正念操作的方法的第一步依然是接纳，让患者学会接纳躯体不适是身体的"正常"反应，允许症状存在，带着症状生活。在各种旁观技术中，旁观躯体感受和旁观念头显得比较重要，需要强化练习，学会对躯体症状进行标签，如出现痒的感觉时，就标记"痒、痒"，出现疼痛的感觉时，就标记"疼/痛、疼/痛"。

就临床所见，许多躯体症状障碍者存在述情障碍，他们在用躯体不适来代替心灵痛苦。因此，对这类患者而言，唤醒情绪和旁观情绪是必不可少的环节。

6. 失眠症

对于失眠症的正念操作首先要让患者明白，睡眠不受自主意识控制，每个人都有偶尔睡不着的时候，尤其当心里有事的时候更是如此。当睡不着的时候先要接受自己当下这个状态，知道这个现象的发生对于你是"正常的"。然后把注意力轻轻地专注于与睡眠无关的对象上，你可以眼睛看着天花板，也可以专注于呼吸，甚至是跟着伴侣打呼噜……不管内心是否出现恐惧、着急或是焦虑，你只是如此去做就行。不管有没有睡着，第二天准时起床，做该做的事。

不管你已经失眠多长时间了，还是按照上述办法去做。

7. 其他

广泛性焦虑症、惊恐发作、各种成瘾、冲动控制障碍以及慢性精神疾病的正念操作均与上述技术类似，无外乎接纳、停顿、专注和旁观等方法。

需要注意的是，由于许多心理障碍者存在着"童年创伤"或"外在事故"，正念练习经常需要与宽恕禅修、慈心禅修结合进行。

此外，如果把这些技术整合到认知治疗、行为治疗、精神分析等现代心理治疗体系中，可起到相辅相成的效果。

二、禅学格言、诗偈和故事的应用

(一) 禅学格言

禅学格言就是历代禅师用简单的一句话或几句话精要地表达某种含义，来揭示生命规律，阐明某种道理，教育和规劝别人。格言的特点是言简意赅，很容易表达所包含的意思，包括所蕴含的哲理，可以给人清晰和深刻的印象和理解。因此，可以运用在心理障碍的咨询与治疗过程中。由于格言反射历史性的、文化上的价值观念，有许多是一般人知晓的，运用在心理咨询与治疗中可以发挥本土性的治疗效果。

具体地说，在心理障碍的治疗中适当地运用格言至少可起到如下方面的作用：

（1）增加来访者对问题的认识和理解。因为许多时候来访者对自己的问题只体会到痛苦，而不能认识到问题的实质。

（2）格言在心理治疗过程中，可以用来作为供给来访者解决心理问题的途径，帮助他们找到解决问题的方法。

下面举数例来说明：

（1）当一个人面对利益的丧失而焦虑的时候，我们可以引用"烦恼即菩提"来告诫他，面对困境，如果不卷入情感则是菩提，否则就是烦恼。

（2）当一个人患有健康焦虑时，我们可以引用"色不异空，空不异色，色即是空，空即是色，受想行识，亦复如是"来提醒他，"空性"是生命的本质，但"空性"并不是虚无，真实的生命只有"当下"。

（3）当一个人为失眠困扰时，我们可以引用"饥来吃饭、困来即眠"来提醒他，睡不着意味你还不需要睡觉，那就起来做事吧。

（4）当一个人患有焦虑症、强迫症时，我们可以引用"本自无缚，不问求解。直用直行，是无等等"来告诫他，本来就没有束缚，根本不需要问如何解脱！当下就是运用，当下就是解脱，这就是最高的法门了！再说简单点就是，顺其自然即可。

（5）当一个不适合药物治疗的心理障碍者抗拒心理治疗时，我们可以引用"为病是虚妄，只有虚妄药相治"告诫他，你的病本来就是虚妄的（功能性的、假想的），所以只有用虚妄的药（心理治疗）才能治疗。

（6）当遇到一个有被动型人格障碍时，我们可以引用"一日不作、一日不食"来告诫他，如果没事可做，至少从做饭、扫地、刷马桶、洗衣服开始吧！

（二）禅学故事

我们知道，释迦牟尼、耶稣和穆罕穆德并不传教，他们只是讲故事。禅学故事总结了历代禅师育人的过程，鼓励人们采用简化成更具逻辑或直觉感悟的思维方式来改变见解。虽然对禅学故事的"正确理解"常常不止一种，但每个故事都阐释了人类本性的某些重要方面。事实上，精神分析治疗的创始人弗洛伊德就是从分析希腊的伊底帕斯的神话故事开始的。今天，故事在我们的生活中仍然一如既往地保持着它独特的魅力。正如一位禅师在告诉徒弟关于故事的价值时所说：

> 借助一毛钱的蜡烛可以找到遗失的金币。通过一个简单的故事可以发现最深切的真理。人要懂得，故事是人性与真理之间的最短距离。

我们体会，如果在心理治疗中恰当地运用禅学故事，至少可以起到如下作用：

（1）有助于和来访者建立良好的关系。因为在治疗过程中有时会出现尴尬局面，来访者不能很好地理解治疗师的意思，或者治疗师不能直接表达某种意思时，提出一个与治疗过程相关的简短而有趣的禅学故事，无形中可以增加幽默感。

（2）有助于来访者对自身问题的理解、领悟和接受。在治疗过程中，由于来访者个人的文化知识或者对问题的认知偏差，有时候很难使来访者领悟对自己心理问题或情结的理解和认识。咨询师可以通过讲述与问题或情结相类似的禅学故事，来暗示或揭示来访者的问题所在，使来访者从不同的角度和途径来看待并领悟自己的问题，促进他们心灵成长，促进问题的解决。

（3）有助于咨询师协助来访者对自己问题的暴露和提示。有时在咨询过程中来访者在暴露自身问题时会自觉或不自觉地产生害羞或内疚感，这时，如果能引用一个通俗易懂的禅学故事来印证来访者的问题，就会有助于来访者袒露自己内心的深层问题。

（4）许多禅学故事有可能为来访者提供解决问题的方法。在故事中，常蕴含着处理问题或解决情结的要领或途径。

下面举数例来说明：

（1）心被锁住了

从前，有一个女子，总是做一个奇怪的梦，梦中常出现相同的场景：

很多人被关在一个黑房子里,房门上了一把生锈的铁锁,人们在里面哀求。每当梦醒,她就觉得自己胸口闷得慌。久之,她得了一种病,觉得胸闷、心神不定、非常烦躁。

她听说有一位老和尚可以医治一些疑难杂症,于是就跋山涉水去求见。老和尚说:"这病不难治,我给你一枚金钥匙,你挂在胸前,但应记得,如果再梦见那个场景,用钥匙把门打开,把黑房子里的人都放出来。这样,你的病就好了。"

她谢过老和尚,挂着金钥匙回家了。不多日,姑娘果然又梦见了黑房子里的人。这次,她凑近黑房子向里张望,看见房子里都是自己讨厌的人,有骂过她的婆婆、欺负过她的邻居,还有小时候把她推进臭水沟里差点淹死她的同伴等。再向里看,怎么还有一条瘸腿狗?她想起来了,这条黑身体白脑门的恶狗经常出现在小时候她上学的路上。总之,黑房子里有很多曾经伤害过她的人。她想:我可不能打开这个房门,受罪的应该是他们。于是,在求救声中,她收回了金钥匙。

半年过去了,她的病又加重了。她去求见老和尚,老和尚说:"只有最后一次机会了,否则我的金钥匙也救不了你,今天晚上你还会梦到那个场景,在那把锁还没有真正锈死之前,你必须把它打开。"听了老和尚的话,她下定了决心。

果然,姑娘晚上又梦见了黑房子,她什么都不多想了,勇敢地拿出金钥匙,咣当一声打开了锈锁,里面的人拼命挤了出来。隐约中,好像还有一个女子在人群最后边慢慢向门口走来,越来越近,她觉得女子竟如此面熟,好像是自己,不!就是自己,她蓬头垢面,目光呆滞,十分瘦弱可怜。就在这女子走出黑房子的一瞬间,黑房子突然倒塌了,阳光倾泻进来,刺眼的光亮使她惊醒,她浑身出透了冷汗。

此时传来老和尚的声音:"囚住了别人,也囚住了自己,锁住了过去,也锈住了自心;怨恨烦恼垒起了黑房子,打开心窗让阳光照进。"

自此之后,她的病彻底好了。整个人变得眼里有光,面色红润,十分漂亮。

你的内心有没有黑房子？那里有没有你憎恨的人？你要不要一把金钥匙？你是否愿意放了他们？

这个故事告诉我们，想要获得自在和解脱，必须向内心去探索；内心黑暗不可怕，重要的是让阳光能进去；如果你理性思维太强大，心理防御太坚固，请暂时放下来吧，听听内心另一种声音。

（2）谁最痛苦

相传佛陀为了消除人间的疾病，从人间选了100个自认为最痛苦的人，让他们把各自的痛苦写在纸上。写完后，佛陀说："现在把你们手里的纸条相互交换一下。"这100个人交换过手里的纸条后，个个十分惊奇，都急着从别人手里抢回自己的。

这个故事告诉我们，我们生活中的每个人都会有意或无意地站在自己的立场上看问题，只知道自己的痛苦，不知道别人的痛苦，看别人时总是羡慕他们的幸福，而看自己时总是抱怨自己的不如意。事实上，"人生本苦"，世间没有一个人是没有痛苦的，只是每个人的痛苦不一样罢了。

（3）关于死亡的两个故事

①旅馆

一个人径直走进国王的宫殿，在守卫拦住他之前来到了国王身边，坐在王座上。

"我想要住店。"这个人说道。

"这可不是旅馆，"国王怒道，"这是我的王宫！"

"那我请问你，在你之前谁拥有这个王宫啊？"

"我的父亲，他已经死了。"

"那在你父亲之前又是谁拥有这个王宫呢？"

"我的祖父，他也已经死了。"

"那么这不就是一个人可以住一段时间,然后又离开的地方。那你还说它不是旅馆?"

这个故事告诉我们,在生命的长河中,每个人都是过客。我们从来不能真正拥有什么东西。因此,我们应该在有生之年尽量过得有价值。

②还没死

"一个智者死亡之后会发生什么?"一个帝王问道。

Gudo 大师回答说:"我怎么会知道?"

"因为你是大师啊!"帝王说。

Gudo 大师回答道:"是的,陛下,但我没死过。"

这个故事告诉我们,有智慧的人往往知道他们还不够聪明。我们只有活在当下,才能走过生命中遇到的一座座桥。最重要的不是想着未来,而是关注当下。

(4)承认害怕的故事

有一天发生地震,整个寺庙都在摇晃,有一部分房屋坍塌了,许多和尚都很害怕。当地震过去后,大师说:"现在你们有机会见识到一个得道高僧在危机中是如何表现的。你们一定注意到了我刚才一点也没有惊慌。我把你们都领到了寺庙最坚固的地方。但是,尽管我很有自制力,我还是感到有点紧张。你们能从喝了一整杯水的事实中推断出来——我在平时是不会这样做的。"听完,其中一个和尚笑了,但是没有说话。

"你笑什么?"大师问。

"您喝的不是水,"和尚说,"是一瓶酱油。"

这个故事告诉我们,恐惧是人的本能反应。在害怕时承认害怕,然后带着害怕去做该做的事,这是一种心理勇气;在害怕时告诉自己"不要怕"/"没什么好怕"的,只会增加恐惧感。

（5）放不下的和尚

两个正在云游的和尚来到一条河边，遇到一个女人，她害怕水流，因此她问他们能不能带她一起过河。第一个和尚犹豫了，但另一个和尚很快把她扛在自己的肩上过了河，在河对岸把她放了下来。两个和尚继续前行，第一个和尚一路上一直在深思。最后，他终于忍不住打破沉默，说："师兄，师父教导我们男女授受不亲，但是你刚才把她扛起来还送她过了河。"

"师弟"，第二个和尚说，"我在河边就把她放下了，而你一路上都扛着她。"

这个故事告诉我们，面对挑战，最好的办法是采取有效的行动，去克服困难，而不是让它成为心理负担。

（6）"钟"大师

一名新学徒找到一个大师，询问要怎样准备他的修行。"把我想像成钟，"大师解释说，"轻敲我一下，你就会听到小小的响声，重重地敲击，你就会得到大声的鸣响。"

这个故事告诉我们，"种瓜得瓜，种豆得豆"。如果你向往美好，而且你真的敞开了心扉，美好就无处不在。如果你在角落里凄惨地蜷缩着，那么当快乐从你身边经过时你都可能注意不到。

（7）保持安静

师傅要求四个和尚严格保持安静，听到这句话后，第一位和尚鲁莽地答道："那我一个字都不说。"第二位和尚斥之："你已经说话了！""你们两个都是笨蛋，为什么要开口说话呢？"第三位和尚说道。这时第四位和尚得意地宣布："我是唯一一个没说话的人。"

这个故事告诉我们，人有时会严格要求他人，宽于要求自己；虽然目标明确，但人容易分散注意力，在繁忙中把目标给忘了。

（8）狗儿投井

从前有一只狗，来到了井边，它瞪着眼睛，翘着尾巴，耸起全身的毛，汪汪地吠着。

一低头，它看见井里也有一只狗，瞪着眼睛，翘着尾巴，耸起全身的毛，汪汪地吠着。

它不禁大怒，对着井里的狗狂吠。井里的狗也不甘示弱，怒气冲冲地对着它吠。这只狗越来越生气，便狂嚎着向井里扑去。

"扑通"一下，吠声消失了。

井边又恢复了原有的宁静。

这个故事告诉我们，我们许多时候冲着配偶、同事发火，却不知是自己的"阴影"投射在外面。

（9）秃鹫

从前有一只秃鹫飞进了王宫，秃鹫看到王宫里有一只鹦鹉，受到国王的宠爱，就问鹦鹉："你是用什么手段得到国王宠爱的？"

"我到王宫后，叫声特别好听，国王喜欢听我的叫声，他常常把我放在身边，一有空就听我唱歌，还用五彩珍珠点缀在我的身上，好看极了。"

秃鹫听了，非常羡慕，又非常嫉妒，就自言自语地说："我的叫声比鹦鹉响亮多了，应该在王宫里高声鸣叫，让国王听见，那样我也会受到国王优待。"

这时国王正在睡觉，秃鹫跳到树枝上大声啼叫起来，国王一下子就惊醒了，听了这叫声，毛骨悚然，非常恐惧。

侍卫官听见国王房间有动静，急忙跑过去察看。国王就问他们："这是什么声音？听了让人害怕。"

"是一只秃鹫在门口树上发出的怪声。"

"马上给我派人把秃鹫抓住来见我！"

不一会儿，秃鹫就被逮到了国王面前，秃鹫还以为是国王要为它打扮呢。于是便洋洋得意，眼睛骨碌碌地转来转去。

这下，国王更火了，命令左右拔去秃鹫的毛，秃鹫被拔得浑身疼痛，也不能飞了，仓惶地逃出王宫。其他鸟见到它这副狼狈相，忙问："你这是怎么回事？"

"全怪那只讨厌的鹦鹉！"

这个故事告诉我们，要有自知之明，做真实的自己，不要跟他人比较。出问题后，得先从自身来找原因。

（三）禅学诗偈

禅学诗偈既是禅，也是诗，是禅学与文学的完美结合，是历代禅师参禅悟道过程的经历总结，基本上都与生命的"存在性"相关。跟禅学格言和禅学故事类似，在心理障碍的治疗中如果适当应用，必将有助于解除心理痛苦。下面举数例来说明：

（1）罪福如幻起亦灭

毗舍浮佛

假借四大以为身，心本无生因境有；
前境若无心亦无，罪福如幻起亦灭。

毗舍浮佛告诉我们，身体是由地、水、火、风构成的，心理是与外境相应而产生的，如果没有外境也不会有心理的种种感受。同样的，人们心理上的罪恶与幸福的感受也是这般因缘和合产生的幻觉，只是幻觉而已，也会随着因缘消灭而消灭。智慧猛利的人一了解到只是幻觉而已，立刻能不为罪恶所忧，不为幸福而喜。

（2）家中四威仪

慈受怀深

①

家中行，寻常违顺不须争，
若知步步无阶级，何必莲花脚下生？

②
家中住，早起开门夜闭户，
运水搬柴莫倩人，方知佛是凡夫做。
③
家中坐，一室寥寥是什么？
灵光一点甚分明，何必青山寻达摩？
④
家中卧，展脚缩脚皆由我，
若能一觉到天明，始信参禅输懒惰。

慈受怀深禅师借着行、住、坐、卧四种日常生活中每天必做的事，告诉我们"当下即是"。对我们现代人来说，如果学会上厕所时专心上厕所，不玩手机；吃饭时专心吃饭，不看电视；与人相处时，就全心全意与眼前人在一起。那么，这几近于道了。

现代社会里许多人有失眠、焦虑、强迫等障碍。对他们来说，怎么样能睡得着、怎么样能不胡思乱想，简直比成佛还难。慈受怀深禅师告诉了我们秘诀：心无罣碍之后，任何微不足道的事，都自有一份庄严的气象。

（3）自己猫儿已走失

潘良贵

自己猫儿，久已走失，
别人家猫，问之可惜，
落花流水，怎他唐突！

潘良贵告诉我们，心外求法，越求越远；只有向内心深处去旅行，才可能得到安宁与幸福。

第九章　运用禅学智慧疗愈生命的案例选析

> 平淡无奇恰恰构成了本体意义上的存在，而这存在就在"出生与死亡"之间。
>
> ——海德格尔

近年来，我们在精神／心理卫生科的临床开展了"运用禅学智慧疗愈生命"的实践，发现禅学方法的使用对缓解各种心身痛苦、促进疾病的康复均有帮助。本章试以5则具体案例来介绍禅学智慧在疗愈生命中的应用。

人际交往困难的赵先生

一、临床特点和治疗经过

赵XX，男，现29岁，本科，未婚。
2012年5月9日首诊（25岁时），主要因人际交往困难前来咨询。

来访者反映：回想起来，自己目前的困扰是在读初一时，因一同学比自己成绩好，此后人际交往出现困难：胆小、做事犹豫，与人在一起不知道要说些什么，显得紧张、不知所措。头脑中反复想些人际交往的问题。对比自己强的人既嫉妒又想学得像他们一样好。自卑，不敢找对象，情绪低落、多疑，看到别人得病就害怕，担心自己也得病。现在觉得自己记忆力很差，容易疲劳。平时"胃肠功能较差"，容易腹泻。性格较为内向，"怕麻烦"，"不敢麻烦别人"，"对别人不敢说不"。曾经服用过舍曲林、利培酮，效果不明显。目前正在服用帕罗西汀20mg/天，效果仍然欠佳。大学毕业后一直待业在家。

精神检查：来访者面容憔悴，交谈过程中主动述说病情，经常低头说话，甚少与医生有眼光对视，双手平伸时细微颤抖，双手较凉，手心有汗，心境低落，但不存在自杀观念及行为，未引出幻觉、妄想等精神病性症状，自知力充分。

辅助检查：脑电图、头颅CT、甲状腺功能等相关身体检查显示无异常。

心理评估：（1）艾森克个性测验：典型内向性格特征、典型情绪不稳定。（2）90项症状清单：强迫状态、人际关系因子分为重，抑郁、焦虑因子分为中，余六项因子分均为轻。（3）心理健康测查表：抑郁因子分83分，焦虑因子分72分，为23/32（抑郁/焦虑）模式。提示神经质倾向，具有兴奋、紧张、担心的情绪，对生活缺乏热情，悲伤、抑郁、疲乏。人格上是被动依赖，适应社会困难。

处理：（1）心理治疗：门诊式森田疗法；（2）药物治疗：继续帕罗西汀治疗，建议三周内逐渐加量至40mg/天。

三周后（2012年5月31日）复诊，症状有所改善，继续门诊式森田疗法，并探索如何克服自卑，提供情绪管理手册，继续药物治疗。

三周后（2012年6月21日）复诊，觉得与人接触已经没有像一开始那么紧张了。治疗方案同前。

此后定期预约每三周一次复诊，配合心理治疗和药物治疗。

到2012年9月6日复诊时，已出去工作了两周，偶有一些强迫思维。建议继续按森田疗法的理念进行生活，并提供强迫思维相关资料，药物治疗方案同前。

到2013年3月22日复诊时表示能坚持工作，强迫思维仍存在，但不影响工作。并已自行停用药物。安排进行观呼吸训练。

此后中断治疗。

2014年4月17日预约前来就诊。尽管已坚持工作2年，但内心深处依然比较痛苦，来访者自述如下：

（1）脑子没法思考，仍然很难进行两位数的加减。如果是下象棋，会像一只无头苍蝇，因为很难想到几步之后的情况。在工作上表现为：别人说一句才能跟着做一下。比如，领导拿一个产品过来说：这个跟我们原来的产品对比一下。而我则会愣在那里，也不去思考他说的是什么意思，头脑好像在思考太多的东西，像电脑死机了一样。别人要说得非常具体我才能反应过来。比如，领导这样说：这是新款的侧盖，你去三楼某某仓库跟某某拿一个旧款的侧盖，去质保室叫某某测一下各项数据，测好后还要试装一下，可不可以装配，然后要汇报下。这样讲的话我可能也要好几遍才能记住。

（2）说不出话，即使不紧张，没有特殊的感觉，但仍不知道说什么，当然我确定不是真的无话可说。

来访者在交谈过程中显得焦虑，语音低沉，更多表达了自己的"无能感"，表达具体的感受和情绪显得困难。

心理评估：（1）90项症状清单：躯体化、强迫状态、人际关系、恐怖因子分为中，余六项因子分为轻。（2）心理健康测查表：躯体化因子分66分，抑郁因子分67分，焦虑因子分76分，为23/32模式。（3）应付方式：幻想倾向性高。

经过协商，暂时不用药物，来访者说他住在离医院200多公里的地方，一两周来做一次心理治疗很不方便，希望医生能提供"自我训练"的方法来自我治疗。最后商定：

（1）"正念禅修"练习。从"观呼吸"训练开始，每天至少两次，每次至少15分钟，每项内容练习2周。按顺序练习"观呼吸"、"旁观躯体感受"、"旁观念头"、"旁观情绪"。告知练习中遇到困难，及时复诊。

（2）按先后顺序每两周看一部电影：从《千与千寻》开始，然后是《绿野仙踪》、《尽善尽美》、《野天鹅》。

（3）记录成长史及梦境。

（4）阅读与"直心"、"平常心"、"正念"有关的禅学语录、诗偈、故事每周至少各一份。

2014年6月17日复诊：2个月里坚持正念练习，完成上述4个项目及治疗相关电影，并记录了几件成长过程中的故事及2个梦境。

心理评估：(1) 90项症状自评清单：躯体化因子分为无，余九项因子分轻。(2) 心理健康测查表：躯体化因子分61分，抑郁因子分62分，焦虑因子分65分，为23/32模式。

对照前两次评估，各项因子分明显减轻。

来访者说他现在脑子不怎么卡壳了，思维流畅了许多，在交流过程中也显得比以前自信。

用心理学知识和禅学智慧结合起来分析了他的成长故事及梦境中的内容，并嘱其继续以"观呼吸"为基础进行正念训练。

下面是其成长记录和梦的记录，【】内是医生的批注（下同）。

发病前二三事：【学着去珍惜各种偶然】

小学时期：

三四年级时有一个女同学会主动找我一起学习。突然一天那个女同学找了另一个男同学A（和我比较要好）一起玩、学习，隐约心里有些失落的感觉。

五六年级时本来有一个男生B和我非常要好，经常一起玩、打乒乓球或是写作业，但也是突然有一天不来找我了，而是去找之前那个和我要好的男生A。之后有一天却又到家里找我，当时问他怎么来了，清楚地记得对方说："同学A今天不在家，不然我干嘛来你这里。"

经过这两件事情，后来，当我看到同学A时就有一种害怕的感觉，就觉得他做什么都是对的，都是有魅力的、吸引人的，并能让别人愉快。我感觉自己是有在嫉妒，但那时候所接受的教育告诉自己**不应该**【没有"应该"与"不应该"，只是当下的感觉！】为此而嫉妒、生别人气。【看来从小就接纳不了"真实的自己"！】

印象较深的第三件事：有一次上学路上经过垃圾堆，被碎玻璃割伤了脚，流了很多血。回到家里后，爸爸带我去医院缝合，并打了破伤风疫苗。回家后爸爸还和我说了破伤风**多可怕**，还说老家有个人耕地的时候被犁伤了脚，伤口很深，但很快就愈合了，那人就没有去看医生。结果一个星期之后就死了。当时我听了之后非常害怕，以致于一点擦伤见到血就要求

第九章 运用禅学智慧疗愈生命的案例选析

爸爸带我去打破伤风疫苗，爸爸不同意，我就非常害怕。有时候晚上还会偷偷地记【计】算还有几天可活，**害怕到极点**，睡不着，崩溃的地步。【现在的小心翼翼或许与那时内化的信息有关。】

上初中后：

因为我从小是一个很内向的人，上课基本上不回答问题。小学毕业后，因为受到教育的影响，我认为光会读书是没有用的，**要独立，要勇于表现，要开朗勇敢，所以我刻意地能说会道，和同学老师打成一片。应该说我做得很成功**，老师同学都很喜欢我，我完全是他们的开心果。初一第二学期选班长，我差不多全票当选。甚至学校的混混也喜欢我（因为我和混混都试着交流），成绩也非常好，班级第一，全校也前十名。我的状态基本上处于亢奋之中。【与内心不一致的"刻意"会让人痛苦！因为"活在假我"里！】

【转变在这个时候也发生了】突然有一天数学老师叫**一个同学**上台做题，他做不好。老师说他刚进学校的开学考试数学是全班第一，现在都成什么样了。**我听后就一下子非常难受了，不知道为什么，这种吊儿郎当的人怎么会是最好的呢，不敢相信。我突然觉得他好厉害，好怕他，他好像有什么特殊的才华，他其实比我还要厉害……**

但实际上在数学竞赛里我拿了全校第三，而他那时候数学在班里也是中上吧，成绩不怎么样，可是**我的心里就开始放不下他，觉得你努力有什么用**，这种吊儿郎当的人曾经也比你厉害。然后看到他就难受，一想到他就什么事也干不了，干什么都觉得没有意义。因为是同班同寝室，所以**又没法逃离**，看到他又害怕，觉得他做什么事**应该都是**很聪明、很正确的。脑子里整天都是他，心态就完全崩溃了。因为看过电视节目的缘故，我就觉得自己是得了心理疾病，要去看看心理医生，不然病就不会好。但不知道去哪儿看，然后开始害怕、讨厌、嫉妒那种特别活泼、能说会道、引人注目的同学。【是因为担心这样努力、活泼的自己将不被身边的人所重视了吗？担心别人超过自己而自己"失宠"？看来"平常心"是非常重要的！】当这类同学跟别人说话的时候，我就觉得他好厉害，别人都跟他好，而我会很伤心、难受、生气。整天觉得自己做的一切都不如人，人家收获的快乐是大快乐，人家什么都做得比你好，你做得再好也比人家低几个档次。你做这些有什么意义，好像自己做什么都没有意义了。【因为你没有在做"本来的自己"！】这样想自己连这些都做不到了，然后自己超想讨好别人，超想和别人说话，让别人喜欢我，【但越是希望这样却越是做不到】想要表现比"那个人"还要好，但老实说没有竞争心理，因为我早就败了，害怕死了，怕死他了。然后超级敏感，跟我交谈的人只要一有停顿，我就想他是不是讨厌我了，我说话是不是不好笑。【看来你的"我执"很是厉害！"他"（那个同学）或许就是自己内心中的另一个"我"！是逃离不了的"内心中的恐惧"。做真实的自己更好！】

这样的对象随着班级环境的变化而不断换人，但也有性别的区别，印象中还没有对哪个女生产生过这种强烈的感觉——形成一种能说会道就高人一等而让我害怕的印象。【其实都是"心魔"在作怪！探索一下你与父亲的关系。】

由于我超级敏感，很快就变得说不出话来了，在人多的、气氛活泼的环境里就超级不自在。【这就是"目标震颤"！就像学生要参加考试，总想着考高分，而没去复习，只会是越期望越担心，结果可想而知。】

期间伴随着对自身身体健康的各种恐惧和焦虑，比如害怕自己会失明、会口吃。想到自己会口吃的时候，好长一段时间都不敢说话，说话的时候忍不住会配合口吃的表现。一般恐怖电影也不看了，尤其会害怕自己患上各种心理疾病。比如书上或电视里看到有什么心理疾病的，像强迫症，就觉得自己也有强迫症了，忍不住去不断洗手，忍不住去配合书上说的各种强迫症的表现。比如：电视上看到一个人对数字"5"特别强迫，吃东西的时候要把东西分成五份；做一件事情要选在5号、15号、25号；电梯要乘到5楼。然后我也就对"5"特别在意，觉得我也要成为这种人了。再比如"一部讲'神医'的电视剧里有个人得了怪病，一般治疗都解决不了，而最后是神医在他吃的猪肉里发现了一种寄生虫才解决了问题"。我看后就十分害怕，怕自己也得这种类似的病，医生都解决不了，我又碰不到"神医"，于是就会陷入这种害怕之中无法自拔，整天都在想着这件事。【这是神经症"生"的欲望和"死"的恐怖。】【自我斗争挺伤神的！】

第九章 运用禅学智慧疗愈生命的案例选析

一般来说，要走出这种状态，那就要想到一个完美的理由来让我不需要担心这个问题。想到了理由的时候自己马上会想一千种理由去反对它，觉得这个理由不充分，还是需要担心、害怕，"不断地想理由又不断地去否定它"，直到想到一个自己完全能接受的为止。还有种情况是实在想不到理由，害怕得累了，难受得累了，会好一点，过段时间会暂时地忘掉。

初中时期成绩是一落千丈，没法做作业，英语一点都记不住单词，哪怕背了很多遍也是马上忘记了，数学问题老是理解不了，没办法很有逻辑地去思考。

这些事情发生后，我觉得我是存在心理问题，所以我迫切地要找心理医生治疗，觉得只有心理医生才能帮助我。找过几个心理咨询的，做了题目测试后【一些量表】说是抑郁和焦虑，吃过药，没什么效果。后来，也应该还是在初中时，在一个社区医生那里看，开了两种药，有一种说是睡眠改善了就可以不用吃了，大概吃了半年左右吧，另一种药长期吃，记得一直吃到高中毕业，期间可能有断过一两年吧。这段时期的事很多都记不住，效果不好，最多只能说是让我思想麻痹了一些。大学后就没怎么吃了，我自己也觉得没什么效果，大学过着一种得过且过的日子，就和同寝室的室友有点交流，其他【他】同学我都害怕，不好意思和他们交流，觉得你好像要刻意去亲近他们似的。

大学毕业后：

不敢去工作，上过两个月的班，极其痛苦，完全没有自己的想法，都是别人说一句，我做一句，做了两个月坚持不下去（虽然如此，但我也隐约觉察到了工作期间对内心的痛苦没有那么关注，至少没有自己去产生一波又一波的痛苦想法，这也是为什么后来包医生给我介绍"森田疗法"让我信服的一个原因）。后来又去找了几次工作都没有找到，待在家里，帮父亲干干活。期间去上海某公立医院心理科看过，治疗体验极差，第一次进去看，5分钟就出来了，开了两三种药，吃了半片觉得非常难受（副作用），一天一夜没睡，我还以为药物过敏（就没继续吃了）。第二个星期过去咨询的时候那医生一听我没吃药，马上把我赶出来了，叫我吃了再说，一共加起来不超过3句话，印象极差，后来就没去看了。

后来就回到原来那个社区医生那里，2011年7月开始治疗，没记错的话应该也是一开始开的两种药。

再后来就是台州医院心理卫生科包医生这里，做的心理测验提示是神经症，我觉得关于神经症表现的描述比以前的抑郁和焦虑更符合我的情况。【是关注点不同：许多医生及来访者比较关注临床症状，而我们更关注临床背后的人格、人性、"存在性"等问题！】接下来就是按照"森田疗法"的要求去做，坚持工作。

工作两个月的时候，我每天起床都会非常生气，感到非常委屈，想要破口大骂。但有一天我突然想到**我之所以这么生气与委屈，其实是因为我不想去上班，而不是起床这件事情真的让人这么委屈**。这么想后，过了一两天，我起床就不生气了。【是啊！这就是背后的问题！】

工作半年左右，那种让我非常痛苦的情绪变得少了，只有遇到具体的人或事的时候才会这样。

工作一年左右，姐姐她们叫我去游泳，我正纠结要不要去，突然意识到出去游泳应该是一件很平常的事，至少在她们看来，这事一定很稀松平常，她们肯定不会觉得这事会让人紧张不安，我也**应该**这样平常地看待这事才对，因为这才是本质。

大概再过半年吧，我去隔壁办公室玩。我突然意识到隔壁办公室同事之间说话是很平常的事。那我过去和他们说话也是件很平常的事，我也不必紧张，这种交流是件平常的事情而已。【这就是禅学中的"平常心"的理念！】

虽然进步很大，但我脑子里**一直想**的是我今天"病"有没有好一点，我要控制好情绪，总有一个大的"我有病"这种想法【念头】笼罩在头脑里。【去"我执"并非一日之功！】

在学了"正念"训练后，我突然意识到前面并没有什么黑暗等着我，我唯一需要做的是"安住当下"。【继续实践就好！"应该"、"一直"等词会让人痛苦，需要避免使用：我们做能够做的，我们做必须做的，不是做我们应该或应当做的。能"安住当下"就好！祝贺你！】

梦境一：地下室

我为了躲避做广播操故意晚到（学校课间要做广播操），但**不想被发现又想半途加入**，所以抄近路过去，就在快到的时候，一辆车挡在了前面。我马上躲在柱子后面，看到前面有个往下走的地下室，我就往地下室走去，走到地下室二层，没法往下走的时候，只听刚才那车里的人边打电话边走下来了，我被他拉上去走到上一层。但梦里好像进入了另一个空间，这里又躲着一个同学，这个同学好像扔了什么垃圾，他刚躲在吃的东西制造的垃圾这里。这时我发现我手里也拿着一手瓜子壳想要扔。**那男的教训**我们不能乱扔垃圾，我觉得这个人**应该是**学校的高层或是刚好管纪律方面的。我这时**还拍了个马屁**："大教授教训的是！"我们俩就被他领着往上走。之后场景似乎置换了，我在厂里走，一个老员工边走边对我义正词严地说着什么，意思是他知道我是那个辞职的现在又回来的人，而且那个辞职**是不对的**，白培养了我就走了，但我却进行狡辩。这时迎来了大部队，**我姐和她同学**过来了，我就和我姐她们一起回去。【空间是"内心"、"潜意识"；同学、男的、自己、姐都是自己内心中的成分。内容是内心的各种成分间的争论！你意识里的"道德感"太强了！太想"好的"方面了。潜意识会反抗的！】路过我**躲的地下室**，然后**我身上某个部位**的溃烂处，还没完全好，要到**受伤的地方（就是前面的地下室）**那里才能恢复，然后我就走下去了。梦结束。【看来你已经开始在向"潜意识"探险了，这是走向康复的标志！只要向内心深处走去，就可得到整合！继续"内观"/"正念"练习，放下强大的意识控制，没有绝对的好与坏！】

梦境二：死亡游戏

先有一段梦境，具体情节忘了，但跟下面这段梦境有关。

我和两个驴友，在河边的浅滩中间看到一群人在烧烤直播。一个人在**示范烤鱼肉**。突然一阵欢呼，原来一个人骑一辆摩托车带着一只**狗**，狗后面拖着一条非常大的**鱼**。这鱼体型扁宽，颜色呈银灰色，**有一种神奇神圣的感觉**。大家正在欢呼着、讨论着怎么吃掉它（梦里应该是有吃吧，拿它的肉烧烤，记不太清楚了），突然大家都跑了，很紧张，好像发生了什么大事，**我也跟着赶紧跑**。我拿起背包，再拿起什么东西忘记了，再拿了水壶，一共三样东西。因为拿得慢，我变成最后一个走。后面跑路这一段记不清，最后来到了一个旅店。旅店里**一个人**对我说，我**最多活不过**10点（又似乎是3点）。这时候有人跟我解释是怎么回事：吃了那个鱼的就从吃那鱼的时间跑，没有吃鱼的有一整天时间跑，这是在参加死亡游戏。因为之前有梦到过这个游戏，所以马上明白了。

等游戏开始的时候，我**变成了一只羊**。然后我看到好几只羊在**顶着一堆草垒成的墙在跑**。我知道游戏快开始了，马上过去也开始跑。游戏开始后，我们是在一个跑道形的场地，但很大。中间是山谷、河流，外面是山。这个游戏有一个**像神一样**的（角色），拿着刀来砍你，只要它盯上你了，就会飘过来追你，让你一刀毙命。因为你是变成动物在跑，它是飘着过来，很快就追上你了，一刀就砍死了。

然后我看见**一条鳄鱼**，它靠近了那个死亡执行官的位置。这里出现了混乱，因为**我知道这条鳄鱼才是我的命**，所以我**引导它快点远离死亡执行官**，跑到跑道的另一端。另一端两边也都有一个砍人的，但样子和那个追杀的（角色）不一样，而且它也不来追你。只是经过它这里的时候会砍你，也是一刀毙命。但路很小，很容易被砍到。我靠近的时候就往中间跳，感觉像飞一样，在飞来飞去，这时有人投诉说"他在作弊，他在飞"。但马上有人说这是靠跑的惯性。游戏不知怎么地就结束了，然后我好像在提建议，我上次就提过建议（即上一段梦到这游戏），死亡率应该在50%左右。现在这**好像还更高**，起码70%～80%了，太高就没意思……梦结束。【这就是内心的"心理冲突"，其实"潜意识"中的一个"我"是喜欢冒险的。只是"意识"太强大，无法让其按自己的本性行事。生命本身就是一场冒险的旅程，继续保持"平常心"、"直心"去生活吧！继续正念练习，减少用"脑"想，多用"心"去感受和体验生活，带着内心"恐惧的小孩继续前进"！】

二、小结

该来访者系一例典型的神经症性障碍患者，药物治疗对缓解临床症状略有帮助，但解决不了"心理冲突"。以"顺其自然"和"忍受痛苦、为所当为"为核心的森田疗法对他也有帮助。但由于这一疗法对内在"情绪"和"思维"不重视，因此来访者"头脑卡壳"、"没感觉"等深层次问题依然存在，导致其总感觉到对"存在"的体验不满意。

在经过以"正念训练"为核心的"禅疗"之后，来访者整体状况从内到外都发生了改变。

为了促进来访者对禅学智慧的领悟，我在临床治疗过程中经常融入其他方法。在本案例中就融入了"观影疗法"：观看《千与千寻》主要是让他学会以"千寻与无脸男相处"的方式去与"自己的强迫念头相处"，增强"旁观念头"训练的效果；观看《绿野仙踪》主要是增强其对禅学中"佛性"/"真我"的理解，使他明白：心、脑、勇气其实一直在自己身上，只是被忽略或封闭了而已；观看《尽善尽美》主要是增强其对禅学中"苦谛"的理解，让他从旁观者的角度来看一下强迫症和性取向障碍者的人生以及如何去摆脱；观看《野天鹅》主要是增强其对禅学中的"直心"和"平常心"的理解，让他了解"不是所有事情都可以通过努力去解决的"，许多时候主动放弃"意识中的努力"，去倾听"潜意识中的声音"显得更为有意义。分析梦的目的也是如此。

总之，把禅学技术与日常生活中的禅学智慧结合，对促进心理障碍的康复非常有益。

容易紧张的朱女士

一、临床特点和治疗经过

朱某，女，34岁，已婚，育有一女，初中文化。

1年前（2015年5月13日）产生紧张、害怕情绪，于3个月后就诊。

3个月前因考虑"家里要不要盖新房子的问题"而出现紧张、害怕，伴入睡困难、睡眠浅、多梦。头脑不时莫名奇妙地"胡思乱想"、担心，尤其是会经常想到与"生病"、"死亡"有关的事情。比如，看到坟就害怕；不敢坐电梯和汽车，经常是一上车就出现头痛、心慌、窒息感；担心睡不好而提前衰老；为女儿和丈夫身体状况欠佳而担忧；父亲曾患"抑郁症"，害怕自己也会像他一样；看到或听到周围有人去世就会出现身体不适和紧张。伴记忆力下降，自家开店卖鞋子，不时会把钱弄错。偶有腹部不适。否认持续的情绪低落。食欲一般，体重无明显增减。月经尚规律。

1年前在诊所看到别人输液时晕倒，此后看医生时会不自主地紧张，害怕抽血、打针。2天前在输液时出现紧张不安和胸闷。

家庭关系尚可，丈夫比较本分，没有不良爱好，但比较严肃（跟小时候印象中的父亲很像），经常板着脸，她觉得心里有些不舒服；婆婆、小姑子对她也还可以，但当她们来自己家里的时候，如果不住下就有些不高兴，当她们说话语气重些时就会难受；嫂子也令自己有些"怕"。

有两个姐姐，父母为了生男孩逃出去生，结果生的还是女孩，他们很是失望。小时候父亲对她较严厉，觉得她是多余的。初中毕业后到南京姑姑家学做生意，表姐对她较凶。

精神检查：交谈过程中神情紧张，不时皱眉，语速中等。反复表达自己目前遇到的困难，担心得"大病"，存在强迫性思维。未见幻觉、妄想等精神病性症状，自知力充分。

躯体检查：脑电图（-）；甲状腺功能（-）；血常规+生化筛查（-）。

心理评估：（1）90项症状清单：强迫、焦虑、恐怖、其他项目（睡眠、胃口相关方面）因子分为中，躯体化、人际关系、抑郁、偏执、精神病性因子分为轻，敌对因子分为无。（2）心理健康测查表：焦虑因子分72分，疑心因子分63分，兴奋状态因子分62分，为35/53模式，提示敏感多疑、纠缠，临床指向疑病性人格。

治疗：（1）认知行为治疗；（2）渐进性肌肉放松训练；（3）运动。

两周后（5月27日）复诊：每天坚持放松训练2次，每次15~20分钟，睡眠、胃口有改善，对身体担心状况没之前那么多了。能自己去接送小孩。继续认知行为治疗。

三周后（6月16日）复诊：在店里工作还算顺利，有时空闲下来会"想很多"，比如，和店员关系处理问题、外出是否会发生意外，常常发呆，别人看到她打招呼时会觉得不好意思。今日来医院坐公交车时在车上出现过"头晕"现象，很难受，联想到了输液晕倒的事情，但自己是通过看车窗外或者玩手机这样转移注意力的方式缓解的，认为确实有效。

继续予认知行为治疗；予正念禅修中的"观念头"训练，每次至少 15 分钟，每天至少练习 2 次；运动（跳绳）。

三周后（7 月 8 日）复诊：通过坚持练习，感觉好转 6/10。只要不受到刺激就基本没事。如果听到不好的消息仍会感觉害怕，有一次听到店里员工说自己的邻居"心脏病发作，差点丢了性命"，心里咯噔了好几天，怕自己突然有一天也会遭遇不测。后来就去当地医院做了心脏相关检查，结果显示没有异常，医生告知可能是心理作用。睡眠时好时坏，但已没那么担心，白天不会感到很疲劳。

来访者觉得自己接下来可以应对大脑里的担忧及睡眠情况，而且一次就诊需要赶 150 公里的路，自己店里生意又太忙难以抽出时间，决定暂停治疗。

在中断治疗 7 个月后，于 2016 年 3 月 2 日第四次前来就诊。现在主要是因为存在"不自觉的恐惧"，用转移注意力的方法有时有效有时无效；睡眠仍时好时坏；"容易生气"，"没什么主见，在乎别人的看法"。

心理评估：（1）应付方式：求助、幻想倾向性高。（2）明尼苏达多项人格测验：说谎分偏高，精神衰弱因子分最突出为 70.75 分，疑病因子分为 66.41 分，抑郁因子分为 67.07 分，癔症因子分为 61.16 分，为 27/72 模式。可能存在以下特点或倾向：常有模模糊糊的体诉，如：疲劳，精神不振，厌食，心区疼痛，失眠等；这类个体性格温顺，被动依赖，犹豫不决，易焦虑，紧张，神经过敏，过于拘谨，过分担忧；常感到难以适应，不安全，自卑；有强烈的成就感和成就认同感，同时又有自责自罪倾向；自我要求高，情感体验深刻，一旦未能达到预期目标即产生自罪感和自我惩罚；遇到压力过分依赖，需要得到别人的关怀和帮助。

治疗方案：经协商，来访者决定这次完成"禅疗"的全过程。具体项目如下：

（1）解释"禅疗"中的"接纳"、"停顿"、"专注"等原则和技术要点；

（2）"观呼吸"训练，每天至少 2 次，每次至少 15 分钟；

（3）观看电影《千与千寻》；

（4）参照《与自己和解：用禅的智慧治疗神经症》一书，练习"正念走路"和"日常生活禅修"；

（5）阅读《与自己和解：用禅的智慧治疗神经症》中的禅学格言、诗偈和故事至少各一篇；

（6）记录日记、成长史和梦。

两周后（2016年3月16日）第五次就诊。症状有改善，已走上"正念之路"；"看着丈夫脸色不好时会换位思考"；对千寻"带着恐惧做该做的事"印象很深。下面是其3月12日的体验：

好久没有心慌了，半夜居然醒来心慌，没怎么，断断续续睡到早上6点，和老公聊了一会儿天，起来做内观呼吸，做了50分钟，感觉很好。【"症状"有时就像"调皮的孩子"，不时会出来"捣蛋"的，去拥抱它！】

处理：

（1）"旁观身体感受"训练；

（2）探讨"顺其自然"和"为所当为"理念；

（3）参照《与自己和解：用禅的智慧治疗神经症》一书，练习"正念进食"和"日常生活禅修"；

（4）观看电影《生之欲》；

（5）阅读《与自己和解：用禅的智慧治疗神经症》中的禅学格言、诗偈和故事至少各一篇。

两周后（2016年3月30日）第六次就诊。症状继续改善；头脑中会出现"令人痛苦"的感受，但已能"自然地接受"；明白《生之欲》中的"用意义去战胜死亡恐惧"；

处理：

（1）探讨禅学中的"去'我执'"、"放下"、"当下"等理念；

（2）训练"声音与思维的正念"；

（3）阅读《与自己和解：用禅的智慧治疗神经症》中的禅学格言、诗偈和故事至少各一篇；

（4）逐渐对害怕的对象进行脱敏；

（5）观看电影《绿野仙踪》。

两周后（2016年4月13日）第七次就诊。就诊当天在回家的路上看到公墓时就停下了车，在墓旁做"观呼吸"和"观躯体感受"练习。开始时有些恐惧，后来恐惧感慢慢消失；运用同样的方法，在车上、电梯里都如此实践，"非常有效"；对丈夫、婆婆、小姑子、嫂子已"没那么害怕了"，觉得自己对丈夫的害怕与小时候对父亲留下的"心理印象"有关，对婆婆、小姑子、嫂子的害怕与20岁前对表姐留下的"心理印象"有关；看完《绿野仙踪》之后，体验到了"家"的意义（包括现实之家及心灵之家）。此后恐惧感明显减少，生活已变得自然了许多。坐车时有时仍然会头痛难忍。

处理：

（1）探讨禅学中的"直心"、"平常心"、"旁观"等理念，告诉其减少用"脑"思考而增加用"心"体验的重要性；

（2）"观情绪"训练；

（3）观看电影《黑天鹅》；

（4）阅读《与自己和解：用禅的智慧治疗神经症》中的禅学格言、诗偈和故事至少各一篇。

两周后（2016年4月27日）第八次就诊。体验能力已逐渐增强了，要生气时能观察到身体和心理的一些感受；把"直心"和"平常心"与《黑天鹅》联系了起来。下面是其日记里的内容：

> 回家的路上，我对老公说，医生说我可以去演一个"黑天鹅"。"白天鹅"太好演了，越在乎自己的"好"，"坏"的就会被压抑得越深。但是这"好"与"坏"都是自己，也就是，黑白天鹅都是自己，人这一辈子不可能永远是"白天鹅"，"黑天鹅"也要过来客串的，那才有意思。【这是人的两股力量，如果得到整合，人格就会更加完整。】
>
> 回想起医生说的话："念头"出现归出现，不要跟着"念头"到处乱跑就可以了。这下明白了，我是跟着"念头"跑，在脑子里转来转去，整天

活在"念头"里。【正所谓:不怕念起,只怕觉迟;念起即觉,觉之即消。】

回到店里,有人问我去哪里了,我拿出今天买的擦手药膏,那问的人问"你去医院了"?我笑着说"是啊",那个人也就没二话了。【这有点"直心"、"平常心"的意思了,敢说"我去看心理医生了"吗?】

处理:

(1) 探讨"疯一回"、"放浪形骸"问题;

(2) "探索困难"冥想;

(3) 观看电影《凡夫俗女》;

(4) 阅读《与自己和解:用禅的智慧治疗神经症》中的禅学格言、诗偈和故事至少各一篇。

两周后(2016年5月11日)第九次就诊。说自己已在接受"死亡教育":睡不着时就两眼盯着天花板;在行驶的车里能把自己"彻底放倒",静静地在座位上做"正念"练习,头痛明显改善了;坐了两次摩天轮。对《凡夫俗女》中的追求"自我"比较赞同,觉得以前关于"女人结婚后就是做辅助工作"的认识有问题,现在对自己店里的工作变得比以前更积极主动。下面是她日记里的内容:

今天探索了"念头"。"念头"就是一张死人照片和死人儿子穿着白衣服在拜。我就用心进去,跟着"念头"再进入里面房间,黑乎乎,没有什么,我就停在那里。以前不敢想下去,今晚我试着探索自己内心的"念头"到底有多恐惧。结果是"也没什么"!【你这"探索困难"做得很好,有些类似"意象疗法"了,穿越了的确"没有什么"!值得祝贺!】

今天早上一路在车上,紧张感比以前要少得多了。我坐在座位上一直看着前方,本来看前方很容易出现"恐慌的念头",但这次我就特地这样看着,很快就到了医院。回到家已是下午,感觉头有点胀,但也能接受,不那么熬不住,继续做着生意。【这就够了!】

处理：

（1）运用"空椅子技术"与内心"父亲意象"和"表姐意象"和解；

（2）"宽恕冥想"训练；

（3）观看电影《爱丽丝梦游仙境》。

两周后（2016年5月25日）第十次就诊。情绪稳定，自感"越来越好"，恐惧念头有时会出现，但已不会干扰工作和生活；睡眠问题完全解决，有时坐着都能睡了！认识到"女人也不能把自己困在'家里'，得有自己的追求和梦想"。

心理评估：

（1）90项症状清单：躯体化、恐怖因子分为轻，其他因子分为无。

（2）心理健康测查表：没有一个因子分偏高。

处理：

（1）"慈悲冥想"训练；

（2）以"观呼吸"为核心，继续正念训练。

下面是治疗期间的梦境，按先后顺序记录。

梦一：昨晚具体梦见什么忘了，吃了什么东西，原来是鸟粪，忽然觉得好恶心，梦就醒了。【每个人内心都存在"脏的"部分，承认它和接纳它吧。】

梦二：梦见送葬队要来了，一群人穿着白衣服。我赶紧逃到一个没盖好的房子里，和小姑姑的女儿一起。从窗户也能看到送葬队，我不想看，好像惊醒了。【"不敢向内心深处探险"？这就是恐惧的原因！】

梦三：我和妈妈在家，刚盖的房子，门口挂了"乔迁之喜"的红布，说是不能挂，有人来检查，就要拿掉，别人家都拿下了，我也跟着拿下了。放哪里好呢？我和我妈妈决定爬楼梯逃跑，房子楼梯没造好，只有竹梯。爬啊爬，感觉要掉下来了，我妈妈爬上去。【想逃，心灵深处的东西是逃不掉的！】危险，检查的人已经跑到我房子里了，我决定还是不逃了，下楼去招待他们，做了饭吃，梦醒了。【置之死地而后生。"恐惧的小孩"在冒险旅行了，挺好的！马上与"潜意识"中的"阴影""和解"了，祝贺！】

梦四：梦里有人把我1千多元买来的红衣服穿走了，叫他拿回来。梦醒，记忆中糊涂。【"内心小孩"非常怕"被遗弃"和"丢失"。】

梦五：梦见在拜佛，我说："我有话想说。"阿婆说："你不用说了，难道你想解开？"说完，我再望了佛一眼，佛像旁摆着两三张遗照，戴着黑布。我走出去了，走到一个地方，碰见一个送葬队，他们穿着白的衣服，还有头上也戴着白布。我赶紧逃到一个房间，一进去，又碰到一个送葬队，还有棺材。**我看到了，也走过去了，告诉自己，再出去，就没有了。**梦醒了，梦很清晰，醒了后还回忆了这梦好久。【已在向内心深处大胆地旅行、探险了！祝贺！穿越"黑暗"的确什么也没有！】

梦六：和小时候的玩伴一起，坐在那里等车，玩伴说坐飞机，我说我不敢坐飞机，坐车可以。忽然眼前就出现一架飞机，停在旁边。玩伴告诉我，很快的，半个小时就到了。好像我们又是坐在车上，车里好多人跟我讲"没事的，坐飞机，很快的"。突然惊醒了。早上起床，胸口有点点堵住。或许还有事情没有去体验，我想一定是要单独去坐公交车。是不是梦里已经告诉我坐车一定可以，是我不敢去面对？【害怕飞机，是害怕速度？是死亡恐惧？】

梦七：片段一：和初中同学在操场上，我拿着一个非智能的老手机正要发信息，一个调皮的男同学过来，说"这手机好差"，笑我，我的手机顿时就坏了。看前面站着一群同学，我问他们，谁有手机借一下，一个女同学（家庭条件很好的）拿出最新款的智能手机给我，我叫她发，她说她不发信息。梦醒了，模糊的记忆。【外在的总不那么靠得住，做真实的自己吧！】片段二：在现在的房子后边的一个房间，婆婆洗好衣服要晒。我和她打开窗，把竹竿放好，外面有几根绳子，我把竹竿放进去。等挂好衣服，怎么我打开窗一看后门外，居然是大海，很清爽。我看到我家的房子，怎么砖头有点裂缝，好像要倒掉。这时梦就醒了。片段三：也是关于房子，不太记得了，梦中有句话说"你原来就这样子"。【房子的意思是"心房"，只要打开就好，接纳其本来的样子就好！】

梦八：走在路上，忽然看到一个**女的**，有点害怕。我对自己说：**"我看见了，我看见了。"**（场景转移）梦见小学同学，我对她说："我们以前是同学。"她说她看见了,我问:"看见什么?"她说:**"好像一座'坟'。"**我惊醒了,醒来心慌一阵。【看到了内心深处就好!】

梦九:梦见初中读书时代,和正班长坐同桌。她在桌子上写诗,忽然来了三个男的,问接下来该写什么,她说忘了,男的就骂她:"记不得还写什么诗。"她不敢回答,我就回答男的,说什么忘了,男的就被我说走了。接着我问班长,你怎么不把诗写下去,她说不敢。接着,在一个老房子里,上次去找了很久,没找到,不知还在不在。老房子黑乎乎的,我说找一下。我们坐在座位上,来了一队送葬队伍,六七口棺材,盖着白布,班长说自己不敢看,**我说我敢看,我就故意看了一下,还用头颈碰了一下**,梦醒了。没有恐惧、心慌。【这就是你快好的表现,因为你已在向内心深处旅行了。】

梦十:在自己娘家老房子门口,我怎么睡在门口,还盖着被子,是爷爷的门口,没有门。我看了一下房间,心里想:里面肯定挂着爷爷奶奶的照片。我看了,里面没灯,黑乎乎的。好像隐约看到一张照片,梦里模糊。接着梦见老爸,他要跟我发生关系,我害怕,心里想,我要带他去看医生,他就不会这样了。(这个梦让我想到"黑天鹅",就像主人公和女同性恋,接受同性恋,就会慢慢好起来。就像我梦里接受"老爸",**其实这个"老爸"也就是自己**。这样就不会再有这种"想法"了。真是一个荒唐的梦。)【不荒唐,"老爸"是自己"潜意识"中的"另一个自己"。】

梦十一:仿佛和"死一回"一样,我心里想着"疯一回"。睡着睡着人就好像飘了一下,梦很快就醒了。(是我真的"疯一回"了吗?)【你觉得呢?】

梦十二:片段一:梦见和老爸坐在一起聊天。我发自内心地告诉他,老爸有救了,会好的,他不相信。我对他说,我也和你一样的心理,我有头痛、心慌这些症状,看迷信是没有用的,我带你去医院看,老爸好像笑了。【与自己"和解"了!】片段二:梦见大姐,有一个打扫得很干净的房间,门窗全部挂着蚊帐,房间里连个蚊子也没有。梦已经记不太清了。【"和解"之后,当然干净了!】

梦十三:就诊前的最后一个梦:梦见嫂子骑车,我有点开心地告诉她,以前我真的是心理作用,现在好多了,这一年我每天都在心慌中生活。嫂

子听了**没说什么**。【是的,是"没什么",潜意识里的另一个自己也知道了,并原谅了自己的"对抗"。】

下面是其成长史的记录。

我的小时候

我有两个姐姐,父母**当初为了生男孩**,逃到外地生的我,不料还是女儿。爸爸就说回家把她养大算了,不再生了。6岁回到老家,妈妈最疼我,我看到爸爸心里面总是害怕。因为想起老爸喜欢赌,妈妈去叫他回家,回来爸爸妈妈就吵架、打架。小时候对爸爸的印象就是**很凶**,有时**很调皮**。

小时候的我,家里开小店,会有好多小朋友来找我玩,我就带他们玩。有男孩有女孩,他们都听我的话,去山上办过家家,还有唱戏,捉知了,在河里捞螺丝,还有去小溪和许多小孩子一起游泳。我好像就是个孩子王,我去干什么,他们就跟着干什么,一起学下象棋、跳皮筋。

记得我九、十岁时,好像读三年级,我也不知**被什么吓到**,躺在一张床上。我就一个人整天叫妈妈。因为家里是开小店的,**妈妈看店,所以有时候回答我,有时不回答。我觉得床下会有什么东西,整天怀疑**,直到后来喊妈妈**喊得累了,我就哭,哭累了,就继续躺着休息一会儿**。直到双脚不能下地,妈妈叫了本村的一个医生来看,后来去了城里的医院看。医生说是需要住院,住了49天。以前听妈妈有提过,说当时可能是有什么炎症,具体记不清,只知道打了很多激素。我记得自己是怎么住院的。一开始我是打青霉素,一天跑医院一次。有一天,护士告诉我妈,如果打下去难受了就叫一下。刚打了一会儿,心里就想着护士说的话,我好像开始难受,我就告诉我妈,就这样住院了。在住院输液中,我看着自己的手瘦了很多,心里不禁很伤心。我知道家里穷,没钱治病,钱都是借来的。我心里想,哪有那么多钱治病,所以想着想着就伤心起来。那时候家里已有欠款,爸爸又爱赌,不干活。妈妈一个人赚钱,有时候到开学了,去买文具用品,都会担心没钱,问爸爸要学费,总说没有。【现在对丈夫有些依赖,

不断出现症状,会是"怕他像自己的父亲一样,使自己再失去安全感,没有依靠吗"?】

也是差不多那两年,我每天起床,第一件事,就是哭。**我告诉妈妈我要新衣服**,我怎么总穿姐姐们的旧衣服,大概哭一个月左右。妈妈她们就笑我,我那时也不懂。【所以现在就在乎"外界"?】

小时候,我们条件较差,上厕所是在外面的。有一次,忽然来了一个傻子吓我。我当时一个人,我叫了起来,爸爸过来说了他,另外一个人更是凶他,那个傻子就跑走了。【就这样,慢慢地,"安全感"少了。】

初中时代

我的性格内向,不爱和陌生人多说话,看到有亲戚来到我家就**躲到前门**。和几个说得来的同学会说说话,和同桌经常**为小事生闷气**。记得有一次,**同桌和别的同学坐一起,我就生气**。我和另外一个同学,就玩得很好,是因为在气同桌不和我坐一起。【"心灵"中还有一个"怕受伤"的孩子?】

学业结束后

17岁初中毕业,我和一个同伴一起去南京学做生意,在姨妈的二女儿家帮忙卖童鞋。我一开始什么都不会,乡下人进城跟个傻瓜一样,坐公交车还从后门上车。在表姐家,**表姐的脾气就是喜欢说别人哪里哪里不好,总是挑刺,在她家她一天要说我们好几回**。【所以平时听到其他人说"不好"的时候,心里马上会"触动"一下?】不过现在我已记不得她说了我什么。记得当时同伴也不习惯,看不惯表姐整天说我们哪里不对,于是我俩就约好,一起回家。**姨妈和姨夫好像不太开心地把我们俩送回家中**。

姨妈对我妈说:"她同伴家里条件还算可以,你们家不好,我是在照顾你们,带她出去见识见识,以后做生意,找对象也好找一些。"我妈听进去了,整天在我耳边唠叨。我后来**又硬着头皮去了南京**。就这样,日子过得还好,开始自己进货。**表姐什么都不管**,店里新货一律由我来管,晚上卖的钱交给她就可以了,有时候布店忙,也偶尔会去帮忙,过得很充实。**店里一个阿姨小工教会了我很多东西。**

在表姐家待了6年整。后来因为大姐要生了,而她在无锡的鞋店没人管,需要我到她店里帮忙,我就去了。表姐和大姐电话联系,说是表姐舍不得我走，就说再开个烟店，叫我去看店，但后来在大姐那里似乎得知是因为我在南京待得烦了，而且年龄也不小了。

来到无锡后，我一个人看店，和周围的人玩得很好。因为是新开的店，也没什么生意，我就和别人下下棋，聊聊天。过了一个月，大姐生了，和姐夫一起来到了无锡。姐夫听别人说，我曾带**男的**来住宿，和他们玩得很好。我发现自己被冤枉了，**就大发脾气**，我确实没有，二姐劝我也没用，我常哭，心情不好，脾气很大，这样的情况从来没有过。【所以很在乎别人的评价，但又不敢表现"真实"的自己？】

就在那一年（23岁），我回到老家，没有工作，就在家左思右想，去干什么好呢？同学陪我去找工作，找到一家卖运动品牌的店。第一天去，老板说不能坐，要是能站三天的话就留下来工作。我很遵守纪律，一天站下来我的双脚麻得不行了，脚底也疼。本来不想再继续下去，但第二天还去了，第三天也坚持下来了。**于是我被录用**，就**很认真**地在那儿工作。那里的同事一开始都很怪，**我就对她们很和气**，自然而然我认识了几个同事，吃饭一起，逛街也一起，包括工作方面也是，我们4个同事都玩得挺好的，就有一个店长不怎么样。不知不觉老板开了分店，要我当另外一个店的店长，**我拒绝了。因为有的同事来得比我早，我怕这样不好，还是领班比较好。**【不敢做自己？还是怕别人因自己的独立、能力强而不跟自己"好"了？】就这样，在这店里，同事们喜欢开开玩笑。我有时做生意挺搞笑，记得有一位个子1米5左右的男同志进店来问有没有背心卖，我就介绍一件女款背心给他，叫他试试。穿上身，叫他去照照镜子合不合适。因为他个子不高，男款没有他的尺码，他穿上女款的还很合身。但他一照镜子，我就感觉好搞笑。于是我越看越想笑，忍不住跑到店里的仓库，跪下来笑了起来。【这就是就诊时问你"放浪形骸"、"疯过吗"的内容，在任何人的内心，都会有一个调皮的"孩子"，"他"喜欢"冒险和捣蛋"！】

三年时间很快，店里同事一个个都到了谈婚论嫁的时候了。有个要好的同事，订婚后就跟男方到外地去了，**我当时心里有点伤心**。一天天过去，也就没那么想她了。

24岁那年，嫂子给我介绍对象，我去相亲，我以前心里就想着对方个子要1米8，当过兵，就可以了。而相亲的对象当时条件也还不错，家里卖鱼，我们就订婚了。后来因为他的原因，**我们十天后就退婚了，我一点也不后悔。**其实那时候在订婚前半年我就已经认识了一个男人（现在的老公）。【真的对于退婚一点也不后悔？探索一下！】我们性格相仿，内向，他1米8的个子，不调皮，不抽烟，不赌博。我感觉和他合得来，退婚后我们又联系上了，当时家里反对，爸爸希望我们三姐妹中最小的我留在家中招女婿。我的心里确定，父母不和气，经常吵，爸爸赌博，**我不喜欢这样的家庭，我要嫁出去**，不喜欢和父母在一起。【梦中的"房子"与这个"家"有关吗？】

【现在的症状或许就在提醒你去做"真实的"自己，症状或许是对"不做真实的自己"的一种反抗！】

我结婚之后

26岁时生了女儿，现在34岁，女儿开始上一年级了。女儿出生3个半月时常咳嗽，体质不好。当女儿住院吸痰时，因为太小，所以我很心疼。到现在有两次这样的情况，我哭过，也和老公闹过脾气，还和婆婆生闷气。因为女儿经常咳嗽，有的牛奶、水果我就没有给她吃。嫂子为此也经常说我，我也生闷气。

发现自己有时候会为小事情和老公发脾气，特别会生闷气，**一般老公都会哄我，有一次没哄我，我就一个人躲在厕所，希望他能来找我。**可是他没来，我想到女儿就回到房间，发现老公和女儿睡着了，我一晚上都在生闷气。等第二天醒来，还是有点生气。【现在对丈夫的依赖及身体方面出现的症状，或许都与"心内小孩""渴望"得到关爱有关吧？】

时间过得好快，一年年过去了，日子一年比一年好，欠的债也渐渐还清了，还存了点小钱。村里要盖房子，我想盖又不想盖。现在我们住两间三层楼，也够了，只是靠着山，老公就想着跟着村里盖吧。因为公公去世后，我们也希望有能力就盖到外面去。**想盖新房，我心里又担心着会欠债。**这样的日子刚刚熬过来了，不想回到以前欠债的日子。犹豫、纠结，这样持续了一个多月。

有一天去上班，听说一个卖手机的女的在睡觉中死掉了，周围的人议论纷纷,有人说是睡不着引起的,这个女的很有钱,但怎么都不去看病。当天晚上,因**盖房子**家里来了好多村干部,我也跟着老公在楼下谈论着盖与不盖。听村里书记说,村里为了我们家,不需要给钱,总之讲了很多很多。晚上,半夜上厕所后,**忽然睡不着,就冒出"念头",会不会跟卖手机女的一样会睡死了**。几个晚上反复这样,然后再**怀疑跟爸爸一样得了抑郁症,又怀疑和表嫂一样因"抑郁症"而跳河死了**。就这样,白天思想不集中,晚上睡不着,容易惊醒,还抓了中药吃。头两天晚上还可以。后来听邻居说,吃中药也没有用,信了邻居的话就越来越烦,心慌、头痛、害怕、焦虑……【看来这心魔还很厉害的!】

有一次,姐姐在医院查出乳腺癌的症状,要进一步检查,要开刀后才知道是否恶性。我那天很着急,怎么办?我就先帮姐姐办好了住院手续。转天要开刀,我姐姐却说先回家踏鞋帮(做鞋子一道工序),还有一点没做完。我真佩服姐姐的心态,万一查出来是不好的怎么办?第二天,我坐在手术室门口,等了好几个小时,最终查出结果是良性的,我也就放心了。几天后,姐姐就出院了。

没过几个月,我因为月经快来了,乳房也有肿块,我就怀疑自己是否长了什么东西。我去医院做了B超,医生问我多大了,我说30岁,他说,这个年龄应该不会有什么问题的,结果B超查出来一切正常,我就放心回家了。从此不再怀疑。【但疑病、恐惧的"种子"落下来了。】

一次我半夜拉肚子,肚子从来没那么痛过,脸也青了,全身没力气,还出汗。我告诉老公,老公说赶紧送我去医院。但是我之前因为输液有过焦虑、心慌,我就对老公说,一会儿拉完就会没事了。吃了药,躺在床上睡了一觉。第二天去卖鞋,没事了,一天就过去了。

我们村里有卖皮肤药的广告。有一天晚上,我和女儿看完回到家,洗澡时发现自己身上起了一堆红疹。(我)没在意,睡到天亮醒来,换衣服时发现自己身上有好多红疹,去医院查出来是荨麻疹,说要输液,吊了两天瓶子也不见好。第三天时,我正在吊瓶,旁边有个也在吊瓶子的女的说她好难受,没想到一会儿我也跟着慌起来。我好害怕一个人待着,赶紧叫医生帮我拿掉。医生说怎么了?我说很难受,我好像是心理作用。当时真不知道是啥情况,就赶紧打妈妈电话,叫妈妈过来。妈妈来了,我心里稍微好了些,输完液后就回家了。【大脑里的"警报器"响了,但这是假警报。】

我怀女儿那年,4个月时查出有高风险,医生建议去抽羊水检查。我担心,怎么办?问了好多人,也有这类情况,有的去检查了,有的没有去。我每天担心,最后想想算了还是不去,就算不好我也要生下来照顾这孩子。好在女儿到现在也没什么大问题。

【"冰冻三尺,非一日之寒",这些就是你现在恐惧的"潜意识"原因,所以治疗也必须得逐渐向"潜意识"去探索,带着"内心恐惧的小孩"冒险旅行!】

再次回到小时候

十几岁那年,村上没电,村里有个小孩来我家玩。我们在邻居家门口玩,我不小心推倒了邻居小孩,她刚好倒在玻璃上,划了很深一道口子,**流出好多血**。我慌了,赶紧拿来创口贴给她贴上,叫她不要告诉父母,就说自己不小心弄的。我把她背到她家,就走了。【还挺"机智"的呢!】

半个小时后,我爸爸知道了这个事情,**马上打了我一个耳光**。爸爸一直以来表面看上去很凶,**但却是第一次打我**。我哭得很伤心,躺在床上,点着蜡烛。妈妈也在,还有一个阿姨在帮我说话,叫爸爸不要打了,不要骂了,"看小孩吓成这样了,下次这种事情要告诉父母的",我说知道了。【梦中的"怕血"与此有关吗?跟爸爸的行为有关吗?】

记得小时候,我**因为胆小,碰到有人吵架,心跳就加快,我发现可能是小时候父母吵架太多的原因**。结婚前我去医院检查是否有心脏病,然后查了心电图,一切正常。我问医生**"我怎么看到吵架就心跳加快?"** 医生说:"心跳有感觉说明你的心脏是好的。"可能是我想多了吧。【也是内化的结果,怕自己的状态回到童年时候?】

一次和老公**生气吵架后**,我乘坐他哥哥的车子(婆婆也在),他们说去姑姑家,我说我不去,一会儿叫老公去。**他们就说我:"以后姑姑小孩坐月子都是你的事,还叫你老公啊?"** 我没回话,心里很生气,管不着。到了店里,我就说给老公听,他还说婆婆他们说得没错。这样,我更为生气了,气哭了，他们都站在一起说的。我那天晚上没吃饭，第二天也不吃饭。婆婆劝我，老公哄我去上班，我就是不听。回想起这性格，**真是"牛脾气"**。【这不是"牛脾气"，是内在的"小孩"受伤了。】

后来打电话给二姐，和二姐去公园玩玩聊聊，好了，气消了。再说一件事，有一次，我们办了鞋厂，婆婆因**说了一句让我不舒服的话，我就不开心**。好几天不和她笑，不和她说话，只顾自己，直到有一天，**婆婆先叫了我，我们才和好**。【"内在"的小孩渴望关爱，要"面子"！】

小时候妈妈不知在哪儿弄来一只**猫**，妈妈抱着**猫**拜了一下**房子**，叫它管好。我很喜欢这只猫，有时候还牵着绳子逗它玩。有一天它长大长胖了，不知道去了哪里，妈妈说被人吃掉了或者逃到山上去了。【成年后做过与"猫"相关的梦，这也是"被遗弃感"的原因之一？】

我很喜欢看戏。有一次晚上，我和两个同村的女孩去好远的地方看戏。三个女孩17岁左右，那时候快毕业了，希望能碰到好看的男的。后来准备回家，我们走在路上。两个男的骑着摩托车追上来，我当时很慌，**我一个人跑啊跑，他还是追**。最后他叫我别跑了，两个伙伴都已经停下来了，我也就停了下来，最后跟伙伴一起回家了。第二天晚上，我们三个又去了，回家路上，**碰到一帮喝醉酒的男人**。我们走在前面，他们一下子抱着我们三个不放。我用力挣扎，逃到一户人家房子边上，另外两个女的我也不知道怎么样了，只是后来我们三个人一起心惊胆战地回了家。当时回到家里，睡在床上还是慌慌的。（这件事我）从来没有和父母提过，包括姐妹们，一直埋在心底。【这些可能也与现在"内化"了的恐惧有关！】

说到这里，（我想起来，）在外地有段时间，我常和姐夫一起，姐姐先回老家待产。那天他刚好要回老家，我们吃了早饭，我发现他的眼神不对，一直看着我，我心里害怕，赶紧去店里开门。我开了门，赶紧逃走了，我打电话告诉我姐，说了事情，然后躲到一个地方。差不多10点，他该上车了，我到了店里，心里还是很慌，没和任何人说起。**我知道这是丑事**，我晚上回到家中，反正他已经上车了，感觉也没发生什么一样。这个事情我和老公也没提起过。【这不是丑事，只是曾经的经历而已。或许许多成年后的梦中各种症状都与潜意识里的"性"有关，需要继续探索。】

那些害怕的事，我只告诉了老公一点点，他说"你发神经啊"，我说我就发神经一次，不然走不出去，老是埋在心里。【只需要自己与内心里的"另一个自己"和解，不一定要告诉别人，因为其他人是难以理解的。】

有关于"死"的记忆

记忆中，打小我的两个姐姐就在家踩鞋帮，好多老年人就喜欢到我家来玩，乘凉。**后来其中有一个老人去世了，棺材就停在马路上**，棺材旁还有灯亮着，我都关好窗户和窗帘，怕看到棺材还有灯。【这就是现在潜意识里恐惧的原因之一。】

七八岁时，邻居的老奶奶去世了，我过去看了，站在路口，看见棺材。好多人在那儿穿着白色衣服，在忙碌。忽然山上着火了，整棵树着火了。

八九岁那会儿，一个同学的妈妈，因为婆媳关系，婆婆冤枉媳妇拿了丝瓜。媳妇真的没拿，结果喝农药死了。我也去看了，好多人在办丧事，我也围过去。她婆婆一路上哭的声音，可怕。

【对自我成长过程中的探索很好，的确如此：童年、青少年期间留下的"记忆"会以各种方式在成年时再现。我们需要做的只是继续带着"心灵深处""恐惧"的孩子去旅行。"记忆"不是坏事，没必要去消灭，也消灭不了。现在可以将"曾经"的"故事"带着幽默感重新去叙述了！】

二、小结

该来访者的治疗过程比较完整，也取得了不错的效果，是整合认知行为治疗、禅疗、完形治疗等方法为一体的"整合治疗"典范。

治疗开始时，治疗者以认知行为治疗为主，对缓解临床症状是有帮助的，但心灵深处的整合并没有发生。也就是说，她的心灵并没有成长，所以痛苦依然。

在运用正念治疗、日常生活禅修、领悟禅学理念、观影疗法、空椅子技术之后，慢慢地，她的人格获得了整合，意识与潜意识获得和解，所以就好起来了。用她自己的话说："别人看不出来，但我自己知道，现在真的不一样了！"从来访者梦中的内容也可以看出来这一点。

我的体会：

"禅疗"的基本思想是：万事万物都是变化的，但是人却会对本质无常的愉悦感受产生惯性的贪爱、执着地追求，希望其永驻，而对不愉悦的感受则产生怨恨、排斥、压抑等反应，希望其快快消失。所以人类痛苦烦恼的根源不是外在的各种刺激源，也不是感受本身的愉悦与否，而是这种错误的反应方式。

"禅疗"主要通过"观呼吸"、"观躯体感受"、"观念头"等项目的训练，并结合阅读和领悟禅门语录、诗偈和故事等禅学智慧，能建设性地使用刺激与反应之间的差距，让心理障碍者学会对各种感受仅仅是单纯地观察与觉知，改变"占有"、"逃避"、"压制"等反应模式，做自己的"旁观者"，使人达到最终的觉悟和解脱。

这或许就是心理学家巴里·马吉德所说的"痛苦不会'从'生活中消失，而是消失'进'生活里"的意思。事实的确如此，如果学会改变"逃跑"和"排斥"模式，使用"接纳"和"拥抱"模式，那么苦难本身对我们的影响就会局限在最小范围。

为睡眠困扰的叶女士

一、治疗及成长经历

该来访者系 30 岁女性，以入睡困难为主要表现，下文是其治疗及成长经历（主要整理自她的日记）。

起因：从一个月前（2016 年 4 月初）的**那场感冒所引起的失眠开始，**【错误

归因，感冒只是诱因。】我觉得整个的人生掉入了谷底。【这是夸大观念和灾难化想法，真到谷底也就没事了！】

从最初的感冒到打点滴，导致后来的失眠、紧张。本来大学时对失眠就有阴影，导致这一次的失眠更让我彻底茫然。一到晚上就开始担心，"万一睡不着怎么办"，结果真的是睡不着。上床后我试着数羊，结果越数越清醒，数了十分钟还是睡不着。不断看时间，结果越看越紧张。白天人一点精神也没有，皮肤出现了不少皱纹。觉得人也衰老得很快。

于是，我开始四处找医生，西医、中医、养生、心理都看了个遍，但最终还是没有效果。我知道是自己的心理出了问题，是自己太想好了，太想自己睡觉了，太想让自己开心了，太想让自己有食欲了，导致自己"急火攻心"，"病急乱投医"，不知道该找谁，不知道该相信谁，**觉得谁也帮不了自己，**【的确如此，顺其自然吧！】非常之痛苦。【"人生本苦"，能真正认识到生老病死也不错，悉达多不就因此而成佛的吗？就怕在逃避生命。】

5月6日（与心理医生第一次见面）

5月6日预约了一位原先没有接触过的精神/心理卫生科医生，做了身体检查和心理评估。在做这些检查的时候很紧张，而且感觉自己整个人的状态都不对劲，就怕查出各种问题。除显示有点强迫和焦虑外，没其他方面的问题。看来是自己太想要睡觉，而且求助心理太强了，才导致自己**越想睡越睡不着。**

再一个就是自己的心理负担太重了，总觉得自己整天情绪低落，食欲不振，总感觉这种状态自己**很是接受不了；**觉得自己有病，怕自己会因此患上其他疾病，会因没得到充分休息而猝死，媒体上不是有很多相关报导嘛！**很想让**自己快乐起来，很想让自己回到以前无忧无虑的样子。【在潜意识里接受不了现在的自己？"安住当下"！"接纳这样的自己吧"！】

我的诊疗医师说，**生命本身是"痛苦"的和"无常"的，人活着本来就是"痛苦"的；如果能在"痛苦"中做些有意义的事，那就能"灭苦"。**这让我对人生有了重新的理解，也让自己把包袱卸了下来。我原先总觉得自己要快乐地活着，原来人就是这样的痛并快乐着。我对这句话也有了更好的理解。

医生给我讲解了一些睡眠卫生知识后，布置了一系列作业让我去完成，与医生商量后确定：

（1）每天卧在床上不能超过8个半小时（床是用来睡觉和性生活的，其他的时间都不要躺在床上）；

（2）每天运动不少于30分钟：可以跑步、跳绳，只要运动都可以；

（3）写日记：每天把自己的日常生活及体验写下来；

（4）看治疗的相关电影，医生会提供要看哪一部；

（5）看书，每周阅读《与自己和解：用禅的智慧治疗神经症》中的禅学格言、诗偈、故事各一篇；

（6）坚持工作和家务，参照《与自己和解：用禅的智慧治疗神经症》中的日常生活禅修的理念进行。

【关键是放下与睡眠的纠缠。】

一开始我也是害怕、紧张到不理解，再到慢慢地接受。虽然我还不能很好地去理解这些话，但我觉得我现在只要照着计划好的内容去做起来就好了，其他的都不用去管。

当自己难受的时候，记得闭上嘴巴，关注自己的呼吸。

夜已深，看着老公已熟睡，自己还是免不了有点害怕，但心想我不能老想着依赖他，**我应该坚强、乐观，没事的，漫漫长夜没事的**，我可以做更多事情，可以学更多的东西。

加油吧！【睡前的这些"暗示"只会让大脑更兴奋，你说是吗？】

【假装勇敢只会更紧张。人本身是脆弱的，"保持平常心"吧，可以害怕，但得带着害怕去生活，就像《千与千寻》中的"千寻"一样！】

晚上一开始还是失眠，但是心态好了很多，也不觉得一整夜那么难熬了。但是后来因为孩子发烧，去给他弄了物理降温，自己再回到房间，**就更无法入睡**，【正常现象，遇到这种情况别人也会如此！】止不住地为他担心，导致整个人好紧张。静下来，想想不就是感冒发烧嘛，是很平常的小事，没关系的，孩子也一样，生病对他来说也是一种锻炼。【这就是"平常心"！】所以没事的，相信他，会很快好起来的，也相信自己，会调整好

的，我和孩子一起加油！【还是"只管行动、不管结果"的好，否则就会患上"目标震颤"的！】

5月7日

因昨晚孩子发烧一夜没睡，导致今天自己的状况很糟糕。【没有因果关系，是焦虑导致的，结果与睡眠无关。】上课都无法专心致志，**都不知道自己是怎么过来的。**【不就这样过来了吗？接纳这一状态吧！】

今天傍晚又开始难受，导致在自己家饭桌上情绪很不好，搞得爸爸妈妈、嫂子都为我担心。想想自己真的挺幼稚、任性，稍微不舒服就承受不了。

但所幸在爸妈、嫂子的开导下，自己的心情好了很多。所以，想想有时候快乐与否也只在一念之间。【是啊！"过去心不可得，现在心不可得，未来心不可得。"】

真的，不要把问题想得太严重，不要自己钻牛角尖，睡觉并不可怕。睡不着，就先吃药吧，什么都不要考虑，先过了再说吧。【如果是真正从心底这么想，不是表面的自我安慰就好！】

想得多了只会自寻烦恼！【能做到不想吗？】

一切都会好起来的！【自我安慰有效吗？还是接受生活的本来面目吧！】

5月8日

自昨晚和父母、嫂子抱怨了之后，心情也好多了。昨晚还自主地睡了一个多小时，后来醒来睡不着又吃药，早上也醒得挺早。

今天起床后，又看了一会儿养生书，书上教我的内容是乐观。所以，**今天时时告诉自己要"乐观"，"会好的"，感觉自己今天的状态好多了。**【这些只是自我安慰而已！"接纳"、"允许"或许会更好。】

上午跟婆婆、孩子去集市上买了点肉，稍微有点心神不宁。后来回到家，帮婆婆洗了点衣服，又自己拿了**养生**的书看，【越"养"会越麻烦！承认生命的"存在性"困境吧！】看着看着，心也就静下来了。我想自己一定要坚持着，为了自己，也为了家人。【想逃避"死亡"和"无意义"等基本"生命主题"？】

下午上课也好多了，虽然注意力不是很集中，但至少坚持下来了，而

且人也不难受,这也许就是好的开始,也就是进步了。【不可"以情绪和症状为标准"!】

晚上,去妈妈家里吃饭,看到妈妈为我这么用心,真的感觉自己好幸福。【在渴望婴儿般的满足?】

时刻告诉自己**要乐观,肯定会好的**。【"人生本苦",只要"顺其自然"、"忍受痛苦"、"为所当为"就好,去体验生命的意义吧!】

5月9日

今天的状态又不是很好。【不可"以情绪和症状为标准"!要以行动为本位,接纳生命的本来面目吧!】早上醒来,吃了早饭,带着孩子来到嫂子店里,去洗了头,看了一下书,后来,我妈来了,就跟着她回家了。

中午吃饭,又没胃口,忍不住和我妈又抱怨起来,害得我妈又为我担心,想想自己这个做女儿的,还老让妈为我担心,真是不省心啊!【这就是心理冲突!】

孩子午睡,发现自己都睡不了,又开始心烦,忍不住开车想找点事情做。开到城里,因为颈椎太难受,**就去一家养生店里养生,做按摩**。【生命是养不出来的,越养越糟糕!要解决的是潜意识中的冲突!做个自然人吧!】本想着按摩就能够让自己放松,却又由于对这家店的不信任,反而让自己心里更难受。开车回去的路上,忍不住又哭了,又开始抱怨自己的人生为什么会这样,**接受不了这样的自己。**【是的,"接受不了自己",所以"生病"。"生病了"会有"好处",因为别人会照顾你,是吗?这是逃避"存在性"痛苦的表现。】

晚上,回家状态也不好,又拉着老公陪我出去散步,老公对我说了一大堆的开导话。但我只想说,现在什么都不想管,先吃药再说,以后的,以后再说,做好最坏的打算,大不了都吃药好了,总比现在这么担惊受怕的好!【生病的意义在于引导你去重新思考生命的"存在性"问题,如果用药把自己麻痹了,就离四足动物不远了!】

我也累了,不想想了,做最坏打算,吃药好了,日子还是照常过的。

【此前就诊时约定的作业呢?】

5月10日

今天的状态总的来说,还是挺好的!为自己赞一个!【不以状态为标准,以行动为本位。】

早上醒来,不知道在床上躺了多久,快8点时起来,穿好衣服,为孩子也穿好衣服,就下楼吃早餐。吃完早餐和孩子、婆婆一起去观光园走了一圈,跟婆婆唠唠,看看孩子,也挺开心的。【是啊!生命的意义需要去认真地体验!】

中午,烧了丝瓜汤、螃蟹、猪肉、带鱼,吃了一碗多。

下午,婆婆说不舒服,去睡觉了。我也看了会儿书,看到书中"有人失明了却挺过来了",想想自己,真的跟他差远了,所以自己顿感轻松多了,想想自己的事根本也算不上什么事。哄了孩子睡觉,就跟着老公去上班。虽然在上课的过程中,还是会乱想,但总的感觉还是挺好的,心里不禁冒出"一定要把现在的学生都教好,跟每个家长都成为好朋友,为以后的计划打好基础"的想法。【"我执"有点严重!安住当下吧!想得太远了!】

上完课,跟园里的老师聊天,感觉自己心情又好了很多。晚上吃饭也挺好的。吃完饭,又跟家长聊天,晚上上课表现也挺好的。【看来你是情绪的奴隶,而不是主人。】

5月13日(与心理医生的第二次见面)

医生向我询问了最近的情况,我也说了自己这一周来的情况。我**总觉得**自己做得不够好,**总感觉**自己没有把医生交代的事情做好,**怕他会批评我**。但他却说:"不要去计较结果,要去注重过程,只要有这个过程就够了!"这么一说,我才觉得自己真的是太注重结果,而没有去真正体验这个过程。【概括性的词语会让人感到痛苦,好好地实践"平常心"吧!如果你能接受自己的状态,还怕医生的批评?】

然后,医生又布置了一些作业:让我去体验,体验生活中的一点一滴,感受洗衣服,感受洗碗等的正念过程。再让我去学习"观躯体感受"。在学做"观躯体感受"时我觉得自己进步了很多,至少比上一次做"观呼吸"要好很多。上一次连坐都坐不住,至少今天能坐得住了。虽然**思想会转移**

【轻轻回到呼吸上即可】，但我也提醒自己"不要计较结果，要注重过程"。【这就是正念！】

　　中午的时候，我还一直想，医生让我去感受，可我却不知道怎么感受，**总觉得自己感受不了。**【因为你在追求结果，只管行动起来就行了！】

　　下午，我开始打扫房间，又看了《与自己和解：用禅的智慧治疗神经症》上说的如何感受，放慢速度，感受打扫房间时任何一个动作。我开始刷马桶，感受洁厕剂倒下去的颜色，感受马桶慢慢变干净的过程。后来，下楼，感受开冰箱的声音和关冰箱的声音，感受自己剥桂圆的声音以及烧水的时候火的声音。【做得挺好！这就是正念地生活！】【感受过程中首先是不去联想，任何感觉出现，能知道，但不会跟着感觉走！】

　　后来出门，感受风吹来的凉凉的感觉，感受路上所有机器的声音。【挺好！】

　　给学生上课，我也放慢速度，感受学生的进步，感受自己画全音符的感觉。这么去感受，突然觉得上课时间也不难熬了。【这就是"正念"，有意识地放慢速度，去"觉知"当下！】

　　上完课，回家吃饭，吃完饭，散步，打羽毛球，跳绳。

5月14日

　　昨晚挺好的，做着内观呼吸和躯体扫描，**不知不觉中睡着了，**【这很好！不去纠缠，做与睡眠不相关的事！不就印证了咱就诊时所说的："睡眠是非自主神经控制的，你越想努力睡觉，越可能会失眠。"】半夜醒来，不断安慰自己"没关系，接受它，做个深呼吸"，又不知不觉中睡去了！【就这样，只要去做就好！】

　　今天上了四节课，感觉挺忙的，都不知道去感受了。中午，幼儿园的一个小孩，不知为什么老跟我哭诉。这么小的小孩，想法却一堆一堆的，不停地跟我哭诉，我也不停地安慰，想想，这小朋友真挺可爱的。【你的睡眠与这小朋友差不多吧？】

　　在我妈家里吃完晚饭，回到自己家里，和孩子、婆婆一起散步，玩，感受跳广场舞人们的活力，自己也跟着跳起来。**可不知道为什么自己不禁伤感起来：**想象从前的自己，是那么会吃苦，有目标，可是现在，自己却变得这么懒散，这么没有目标，不知道做什么才是有意义的。唉，慢慢来吧，就让自己懒散吧，就让自己休息吧。【以前可能只是毫无意义地盲目乐观吧？或许现在失眠的目的是让你去反省关于人的"存在性"问题。】

5月15日

早上醒来，**不开心**，心里堵得慌，原以为自己昨晚挺累的，会睡着。【"对睡眠的期待"是失眠的病根！】结果早早躺下后，越躺越睡不着，做内观呼吸也集中不了，没办法，跟老公聊了会儿天，又吃了一点点药，才睡着了。【反复是常见的，继续正念地生活吧！】

不知道为什么，是不是自己又急了，总以为前两天都挺好的，所以想着昨晚也能睡好。结果，又适得其反。【这就是"无常"！】

唉，叫我面对恐惧，可总感觉自己还是**不敢面对**，真的，想到**黑夜**，自己忍不住就害怕、烦恼。【这是潜意识中的"死亡恐惧"，去觉知、拥抱这种感觉吧！】

好了，今天又是新的一天，去感受一下这美好的世界吧，去享受和孩子在一起的幸福时光吧。【没那么容易，心灵之旅还没有开始呢，"正念"也只是刚开始实践呢。】

看了一会儿书。给自己定下目标：1.与烦恼和平共处，不回避；2.忍受痛苦，为所当为。【光是思考没用的，减少用"脑"想，多去用"心"体验！】

5月16日

由于昨晚没有睡好，早上醒来心情跌下去了。【没睡好与心情差，两者没有因果联系，是你把它们联系到了一起。】看了会儿书，做了早餐。本想做泡饭，又临时改成炒饭，想起医生说的体验，又慢下来去感受右手拿着饭勺不断提起、放下。吃完饭，又开始拿起书，学习"正念走路"，当我左脚抬起时，我身体的重力全部落到右脚，当我左脚放下时，感受脚底与地板的接触凉凉的。就这样，练习着感觉到挺累的，又感觉到心好像稍微能静下来。这几天，都有在体验，可总觉得挺累的。【因为不是心甘情愿地去做，而是在"抱佛脚"，目的仍是"睡眠"与"心情"。】

上午碰到朋友，就和她们聊天，一直到下午，可聊天的时候，总觉得自己都是不舒服的。

晚上饭也吃得很少，可能受心情影响，没胃口。

慢慢来，慢慢来，不要灰心。

【只管实践，没必要关注结果与情绪！】

5月17日

好想哭，【可以找个没人的地方哭一场！】感觉自己好痛苦，不知道自**己怎么做才是对的**，才是好的，无法静下心来，也无法让自己开心。【忘记"人生本苦"了？忘记了"平常心"了？忘记"正念"了？】

真搞不懂怎么会这样，也搞不懂自己怎么会这样，不就是睡觉、失眠吗？为什么自己就是无法坦然面对。【没有对错，只有体验！不去搞懂，只是接受痛苦，不以"快乐"为目标！人生本来如此。你觉得呢？】

人生，怎么会这样？【死亡、孤独、无意义、自由与限制是人生的基本主题，是逃避不了的！】

眼泪终于止不住地流下来，**读着养生书上的一句话"幸福总会来的，它不会毁约的"**，我的幸福也会来的。【不觉得这是害人的书吗？】

"一切都是最好的安排。"【是啊！那就去真诚地接纳现在的状态吧！】

5月18日

突然冒出一个想法：**换个方式写日记，不想每天老是记自己的心情。**【做得挺好，换个角度，世界就不一样了！看来您领悟"帆动还是风动"的禅学故事了！】其实还是有很多事情可以记的，应该都要记，不想每天老是围着"自己"写了。【是啊，本来是"无我"的，去了"我执"就是"平常心"了！】

早上醒来，本想跑步，可已经太迟，就跳绳，发现自己跳绳越跳越多了。

吃完早饭，陪孩子和其他小朋友一起骑车去观光园。陪着他们，想想自己，**觉得这样散步也挺好的。**【这就是体验！】

中午，虽然哭了，但看到《与自己和解：用禅的智慧治疗神经症》中写着"一切都是最好的安排"，心里稍微释然了点。

晚上第一节课，有个小朋友又哭着来上课，**这次我没有哄她，而是跟她说"哭是不能解决问题的"**。不知道这小家伙下次会不会好点。上完课，一个要参加学校比赛的小朋友来了，特意让她晚上来，但感觉还不是很理

第九章 运用禅学智慧疗愈生命的案例选析

想,但愿再通过明晚的努力,到时候能有出色表演。【在内心抱怨"失眠"问题,也是不能解决问题的。】

由于第一个星期刚开始跳绳,不怎么会,但坚持下来了,发现这个星期有很大进步,可以连续跳一百多下。所以我觉得只要坚持,什么都能学的,又买了溜冰鞋,想开始学这个!【实践得不错,如果仍以睡眠为目的,那不会有用的。如果是欣赏生活、只是体验生活,那就够了!】

5月19日

"幸福",今天体会到了好多幸福!

下午,去单位和同事小聚,和她们聊天,一起去逛街。到了衣服店,我说,**由于自己太瘦,都没自信,所以我要找回自信——买点漂亮衣服。**【有因果联系吗?"自信"来源于做"真实的自己",你觉得呢?】挑了两件,都还挺满意的,心里有点小小的满足感。

傍晚,回妈妈家里吃饭。先跟老公一起跳绳,由于溜冰鞋已寄到,所以迫不及待地想要试试。一开始很怕,在老公的搀扶下,溜了几回。在这个过程中觉得老公好好,一路以来对我这么包容照顾。特别是这段时间,从没有对我失去耐心,一次又一次地帮助我。"老公搀着我,我溜冰",这画面一定很温馨。如果拍下来,当成老了以后的记忆该有多美好!【看来你是挺害怕丧失的!"生病"的目的或许就在此,是想获得关注与关心,想"停止长大,不用去面对'生命实相'"。】

吃饭时,爸爸妈妈、嫂子、两个小侄女、孩子、老公、我,场面也很温馨。虽然偶尔妈妈、嫂子会有小矛盾,但总的来说,我们这一家还是很温馨、和谐的。而且,**嫂子一向对我都挺好的。**所以,这让我也觉得很幸福。有什么比家人在一起更幸福呢!【能永远吗?人注定是孤独的,逃避不了的!】

吃完饭,回自己家。路上,老公开车,孩子让老公唱歌,听着车里的音乐,**感受着**老公的歌声,抱着孩子。这一切都真的太美好了!

回到自己家里,又想着溜冰,由于还不会,婆婆担心我摔倒,**又来搀扶我。**【家里的人都把你当成了孩子,包括你自己,这如何去成长呢?或许这种时刻是你的潜意识真正在追求的,可以让你不用直面生命的基本主题。可惜失眠问题、情绪问题都把问题暴露了出来。】感觉自己稍微会溜了。我让婆婆不用扶了，但善良的婆婆一直跟在我身后随时来扶这个"有时摇摇欲坠的我"。我想，婆婆搀扶，这个画面也很温馨，**可能我们村里别人家都没有**。想到和婆婆这么多年一直以来的和谐相处，真的也很幸福。都说婆媳难处，但至少我们家没有。这么多美好的画面。**真的觉得自己是个太幸福的女人，家人都这么好，都这么照顾我。**【这或许就是潜意识里"生病"的原因！】【"失眠"是因为逃避心灵真正的成长痛苦！】

而且，现在工作也不辛苦了，也没多少压力了。每天只要上一两节课就好了，课程内容处理得也很顺利，真觉得自己这样的生活，好满足。【真的？看来你想回到"婴儿状态"！】

5月20日

昨晚，园长打电话给我，说她和另一个人想去学古筝，叫我帮她联系。后来，我跟老公说，其实我自己教她们也可以，因为自己大学时期学过三年的古筝，但后来自己想想，又觉得麻烦，又要买古筝，又要多上课，想想还是算了。【心理冲突！】

唉，突然觉得自己好懒啊，有钱都不想赚了，就不想课多，就这么轻轻松松。打电话给朋友说了自己的情况。朋友说，没关系，等你身体好了，有的是机会赚钱，不急于这一时。想想也对，**身体最重要，现在就跟随自己的心来吧，想怎样就怎样**，不管钱多钱少。【身体是皮囊，不管你如何保养，它从没停止过衰老，看看诗偈"了身何似了心休"吧！】

晚上，不知怎的，有点烦躁。

对于"睡眠"这个事，还是有点惊恐，不是很坦然。

【因为不想去长大，不愿面对真实的生命，所以睡眠也好不了。】

5月21日

跳绳、溜冰、写日记、看书，这些似乎成了每天必做的事情，每天没完成这些事情，**心里感觉就不踏实**。【因为你不是在欣赏，而是把这些生活当成"工具"了！】我不知道这是习惯的养成还是心理作用，对自己还是自信不起来。不知道这些是不是好的现象，反而对自己有点隐隐的担心。【靠外在，不可能自信！】

今天，起床，上课。第一节课，感觉两个小朋友都练得还不够多，下次**一定要记住给她们带考级的书，再不教真的怕有点来不及了。一定要记住了！**

中午，留在园里吃饭，跟园里的老师聊天，还是挺好的。吃完饭，休息一会儿，继续上课。

下午回家接孩子，顺便把刚快递来的两棵植物种下去。晚饭又在妈妈家吃。老公没回来吃，到现在还没回，心里有点小小的不爽，是不是对他太依赖了。

一天又过去了。

【内心是否有种"被遗弃感"呢？丈夫的不在，又让你一个人去体验生命的孤独了吧？】

5月22日

昨晚，由于老公忙，1点多才回来，我11点多就躺下了。**没有吃药，怕吃了药，等下被老公回来吵醒**，所以就没吃。但不知道是不是没吃药呢，还是等他回来，**怎么也睡不着。**【慢慢去探索一下潜意识吧！是对老公不放心呢？还是怕自己被遗弃呢？】无奈，只能起来绣十字绣。他回来后没睡，在旁边看电影，我就绣十字绣。不知道绣到了几点，又看了"禅疗"的书。翻到最后几页，是让我要看淡生死，生死有命，强求不来，还有对恐惧的事情，不要去逃避，要去面对，面对了就不觉得恐惧。我想既然我这么怕"睡不着"，那就让它睡不着好了。

看了挺长时间，大概四五点钟了，真的有点累了，就躺下了。睡了一小会儿，醒了，又睡了一小会儿，还做了一个"梦"。梦到自己和孩子被人追杀，好恐怖，特别是带着孩子，感觉自己一个人还好，但孩子也跟着我一起被人追杀，特别难受。后来醒了，心里很难受。【病因在此！】【孩子是潜意识中的另一个自己，这就是"内心恐惧的孩子"，带着他去冒险旅行吧！逃避不了，也依赖不了的。】

由于昨晚没睡好，【这不是原因，梦境已提示痛苦的原因！】今天心情也不好。下午上课时，脑海里又冒出一个念头，"恐惧死亡"，突然好害怕，感觉自己如果都没睡，会不会死啊？这个念头冒出来后，自己又开始难受，感觉自己又有新的问题出现了。【"死亡恐惧"是你失眠的潜意识原因。】但也努力地平复自己，不好的念头就让它存在，顺其自然。【是啊！】

晚上，也不想吃药，打算面对，虽然自己的状态不是很好，但也没办法了，试着面对，就打算睡不着。决定让自己"死一回"，睡不着时我就干脆不睡，一边做着观呼吸，一边看着天花板，结果不知不觉地睡着了！【做得好！】

5月25日

前晚睡着了，但是昨晚压力又特别大，总觉得前晚睡着了，接下来会不会睡不好，所以昨晚睡下时，没一秒钟自己又被惊醒了。所以，干脆起来做观呼吸，第一遍还好，第二遍则完全做不了。【只是去做，变成习惯！】后来到2点，实在没办法，又吃了点药睡下。

中午，做观呼吸，结果发现自己一点都静不下来，突然自己又给了自己压力。下午一会儿弹琴，一会儿绣十字绣，一会儿溜冰，但都静不下心来。

后来，干脆就出去，到园里帮忙。因为他们晚上搞"六一"节活动，到园里一直想着让自己忙碌些，觉得这样自己会分散注意力，会好受点。**也一直想让自己开心，结果越这样，压力就越大。**【这是病根！】在活动快结束时，又想到《与自己和解：用禅的智慧治疗神经症》中的一句话：心无挂碍，无挂碍故，无有恐怖。我也想算了，难受就难受吧，"该做什么还是做什么"。我知道自己还是太在乎结果了。因为自己太想让自己好起来，原本以为前段时间一直挺好的，以为自己快好了，结果现在又这样了。而且因为感觉书也差不多看完了，感觉对自己还是没有作用，有些项目也有在做，但总觉得没有效果，所以一下子更惶恐，更没信心了！那现在只能想，不管结果，只在乎过程，只要做了就行了。【你这是在临时抱佛脚！】

5月27日（与心理医生的第三次见面）

今天再次解读了"去我执"、"安住当下"、"保持正念"、"体验存在"等禅学理念，并练习了观情绪。

医生在我的日记本中做了如下的评价与建议：

（1）你有在做实践的尝试，这挺好！

（2）似乎你实践的目标是"睡眠"，这就不太容易做到了。还是以"平常心"去欣赏、体验生活吧!

（3）把观呼吸和观身体感受认真做吧，还有把正念走路、正念进食和日常生活禅修融入生活；

（4）把森田疗法和书中理念用起来吧，讲道理是没用的。减少"用脑去思考"，多"用心去体验"、拥抱各种感受。

（5）以"幸福"、"快乐"、"睡眠"为目标的人生毫无意义!

（6）你内心有怕"被遗弃"的"孩子"，一直在用"外在"来"安慰"，这是不可靠的。唯一要做的是带着"内心恐惧的孩子"冒险旅行!直面死亡、孤独、无意义、自由与限制等生命主题。

（7）把电影《黑天鹅》和《推销员之死》再好好看看。

5月28日

好多次想着，不想活了，可是又舍不下孩子，想想孩子，好内疚，为他有这样的妈妈而心痛。我的孩子是那么可爱，那么开心，我真的不想丢下他，怕他没有妈妈怎么办，可自己活着又那么痛苦。

又想着：哪怕想离去，也不要现在，至少为孩子赚够钱，不然现在走太可惜。

【那就好好做事，以"平常心"去做!】【"正念"哪儿去了呢?】

5月29日

最近两天把医生推荐的电影《黑天鹅》和《推销员之死》都看了，也明白了"外在靠不住"的道理，看来不接受现在的自己是没有出路的。【是啊，做真实的自己最好!】

昨晚回家，家里比较闷热，和老公出去散步。他一直和我说他的客户，其实有时听得也烦。我听着他说，也会跑神，但我也努力回来，让自己倾听。【这样挺好!】

散步回来，整理了下房间，洗澡，哄孩子睡觉，开始看《凡夫俗女》。看了不多，老公就睡着了，自己看下时间，11点多。就打算躺下，我知道躺下也睡不着，就开始做观躯体和观情绪感受。在做的时候，又不知道跑神到哪里去了。后来就关了电脑，做观呼吸，不知道什么时候睡着了。【这是本来面目，也是行动本位的意义!】而且半夜也没醒，早上，醒来有点

开心。但起来后又有点不安，因为又想着晚上能不能睡着。不过想归想，还是要做该做的事情去。【挺好！】

6月7日

这几天似乎对医生所教导的"禅疗"有了真正的领悟，晚上已不太会去注意睡眠问题了。昨晚竟然没做几下观呼吸就睡着了。不知道几点，梦到什么瓶子里的水洒了，洒在自己身上，衣服湿了，结果醒了过来，原来是孩子尿床了。给整理了下，睡在另一头，同时，安慰自己，睡不着没关系，已经睡过了，足够了，想着想着又睡着了。

吃完早饭，帮婆婆洗碗，陪孩子玩耍。

后来，老公运了点货回来，让我们帮忙贴商标，就开始忙活。11点多，做中饭。饭后，继续和公公婆婆帮老公干活，一边干活，一边闲聊，这样感觉也挺幸福的。【"认真"生活就好！这就是"平常心是道"！】

6月15日（与心理医生的第四次见面）

上午与医生见面了，与医生一起回顾了治疗和成长的经过。医生说结束这一阶段的治疗，有问题可以在QQ上或邮箱里留言解决，并给予如下的评价与建议：

（1）已经开始成长了，继续如上实践，接纳出现在自己身上的任何感觉和不适；

（2）观看电影《绿野仙踪》和《偷天情缘》；

（3）坚持以观呼吸练习为核心的正念练习；

（4）欣赏生活中的点点滴滴。

二、小结

第三章已论述了失眠与"存在性"痛苦的关系，从本例来访者的情况也足以看出其失眠背后的"死亡恐惧"和"存在性孤独"等"存在性"问题。由于失眠症比较常见，下面再进行一定的探讨。

从原型类比的角度来说，醒、生命、意识活动对应于白天和光亮，黑暗、静止、无意识和死亡则对应于夜晚。所以许多地方的民间把入睡称为"练习死亡"。入睡需要的是放下所有控制、所有意图、所有主动的干预，它要求我们臣服和完全的信赖，心甘情愿地接受未知的世界。如果我们出于强求、自我控制、意志或努力，那么，即使是最轻微的举动都会造成无法入睡。要想入睡，我们能做的只是单纯地耐心等待。

由于我们现代人的理性思维太过发达，许多人对自己的作为和成就过于骄傲，太依赖自己的智力和对现实的控制能力，而基本上不相信臣服、信任和放下自己熟悉的行为，因此失眠久治不愈就在所难免了。

从存在角度看，失眠的人（准确地说是入睡困难的人/强迫性失眠的人）需要学习"无我"、"无常"、"死亡"、"孤独"和"无意义"等主题，学习放下控制，学习臣服。否则就可能走上长期服药的道路。而这些主题正是"禅疗"的专长。我们在心理卫生科临床积累了大量的成功案例。

反复腹部不适的陈先生

一、临床特点和治疗经过

来访者，男，23岁，高中文化，未婚育，因反复腹部不适就诊2年。

2016年4月1日第一次就诊

2年来反复腹部不适，不能多吃东西，一多吃就胀；不能乱吃东西，否则容易腹泻；一紧张也会出现腹部不适，呃逆。身体比较瘦，容易疲劳，"怎么养也养不胖"，大便有时有不消化的食物。一直就诊于当地医院消化科，胃镜检查发现息肉（目前已切除）、慢性浅表性胃炎，肠镜未见异常。消化内科医生先后用胰酶肠溶胶囊、舒必利、多潘立酮片、奥美拉唑肠溶片、黛力新、帕罗西汀片等治疗，效果不明显后改服中药，症状仍然反复。被消化内科医生转介到心理卫生科。

除上述症状外，目前容易紧张，不时会出现莫名的心烦，对身体状况较为担忧。已在家养病2年多，想养好身体再出去工作，但没见好转的迹象。

病前状况：来访者2岁时父亲在造桥时意外去世，母亲与叔叔成家，育有一女，相处尚可。叔叔性格内向，"爱抱怨"，小时候对他严厉、比较凶，有时用手打他的头。在学校由于内向常被同学欺负。2013年时被朋友骗到网上赌博，输了不少钱。曾学习模具，但并不喜欢。2014年开始腹部不适，一直在家无所事事，不断想着身体的状况及以后的"生活"。母亲喜欢用迷信的方法来治疗，为此与家人彼此相互抱怨，有时头脑中会产生一些冲动，如"想拿刀砍他们"，但不会有具体行动。

精神检查：神志清晰，对答切题，定向无误，情感反应协调，情绪低落、不安，存在疑病观念，未引出精神病性症状，意志活动下降，自知力存在。

心理评估：（1）90项症状自评量表：敌对因子分为1.5分，余因子分均在1.5分以下。（2）明尼苏达多项人格测验：校正分为60.73分，癔症因子分为62.93分。（3）应付方式：求助、幻想、退避倾向高。

躯体方面的理化检查：脑电图、血常规、生化、甲状腺功能无殊。

处理：

（1）解释心与身的关系，症状的心理方面原因，探讨鲁迅《看镜有感》中的相关内容：

> 无论从哪里来的，只要是食物，壮健者大抵就无需思索，承认是吃的东西。唯有衰病的，却总常想到害胃，伤身，特有许多禁例，许多避忌；还有一大套比较厉害而终于不得要领的理由，例如吃固无妨，而不吃尤稳，食之或当有益，然究以不吃为宜云云之类。但这一类人物总要日见其衰弱的，自己先已失了活气了。

（2）"观呼吸"训练。

（3）观看电影《千与千寻》。

（4）记录日记、成长史及梦境。

（5）阅读《与自己和解：用禅的智慧治疗神经症》中的"禅疗"相关内容并实践。

4月15日第二次就诊

上次就诊后对医生的话将信将疑，在"反正治不好就死马当活马医"的想法下开始按就诊时商量的去实践。每天帮家人到地里干些活，尽管有些累，但身体并没有变差；对"千寻的成长"印象很深；觉得无门慧开禅师《了身何似了心休》的偈子比较在理。并表现出对治疗的信心。

处理：

（1）探讨禅学故事《到火炉里避暑》：

某个夏天，曹山慧霞禅师对侍立在旁的僧人说："悟道的人，无论多么炎热，也不受影响。"

僧人说："是的。"

慧霞又说："那么，如果现在炎热至极，你要到什么地方去躲一躲好呢？"

僧人说："就往大火炉的炽热煤炭里躲避吧！"

慧霞说："煤炭既然炽热无比，怎么躲得了热呢？"

僧人说："在那里，众苦都不能到啊！"

（2）观"身体感受"训练、"正念走路"训练、日常生活修习。

（3）观看电影《生之欲》。

（4）继续阅读《与自己和解：用禅的智慧治疗神经症》中的"禅疗"相关内容并实践。

4月29日第三次就诊

腹部不适症状明显改善，在日常生活中能感受到一些"正念"；自从分享了《到火炉里避暑》之后，回到家就试着到大棚中收菜，并与家人一起拿到集市里去卖，心中有所担心自己是否受得了，但坚持了下来，结合所看的《生之欲》，觉得以前一直在浪费时间，但对出去工作仍没有信心；对母亲和叔叔说的话仍显得比较敏感。

处理：

（1）探讨"心静自然凉"方面的禅学格言、故事；

（2）"声音与思维"的正念训练、"正念进食"训练、日常生活修习；

（3）观看电影《当幸福来敲门》、《阿甘正传》。

5月13日第四次就诊

身体症状有时会出现，但不影响生活和干活；仍然会不断去回忆过去，在家感到较烦，想出去工作，但又找不到合适的；有时会冲母亲发火，对叔叔经常不打招呼，一个人提前吃饭、吃饭时声音很大，比较烦。

处理：

（1）"观情绪"训练；

（2）提供故事《走进天堂的门票》；

（3）观看电影《城市滑头》、《跳出我天地》；

（4）探讨成长史及日记方面的记录。

下文是其日记摘要：

4月29日

下午回到家后肚子有点饿，拆开前几天阿姨拿过来的八宝粥。之前我认为是大品牌的，拆开后发现不是，是野牌子的，仿冒正宗的外观。**脑子里顿时就冒出了许多想法，**【这就是"假警报"、"骗子"，需要"正念"训练，及时把念头拉回来！】想到她为什么**老是**买假冒的。**应该是**便宜一点吧，**可能是**不懂。还想到了自己以前住院的时候，一个亲戚买的牛奶也是外观假冒正牌的。他们为什么**总是**买假冒的，是小气还是什么的，吃起来难吃很多，**根本不是**一个味道。还有中国怎么这么多假冒外观的产品**都**可以生产销售，而都没有人监管。想多了之后感觉腹部又有点难受了。

在外面看见别人都比我胖，自己这么瘦，**感觉到有点自卑**。在家也常常想着自己太瘦了，要吃胖一点。我小时候就比较瘦，周围的人都让我吃胖点。这一两年更瘦了，别人说我比以前还瘦了或者说到谁比我好，心里都有点不是滋味。【概括性词语容易让自己痛苦。是因为"自卑"才产生出这些"感觉"！】

小时候有一颗**痣**长在右眼的下面，我妈说生下来就慢慢出现了，然后随着年龄的增长，这颗痣也跟着长大了。初中的时候看到亲戚的孩子把脸上的痣都去点掉了，**看上去好看多了**。我妈也想把我脸上的痣点掉。后来不知道怎么地，可能是怕伤到眼睛就没有点了，我也不是很清楚。后来有一次在街边，我妈带我去涂点药水点了脸上的其他几个痣，眼下的那颗不敢涂。后来我知道那个应该就是硫酸，点了之后有凹洞，**很难看**，过了好长一段时间才会变得平整一点。

（这里，想起来应该在小学的时候，他们带我去一家医院，想用激光点痣，把我眼下这颗痣点掉。他们说我当时太怕，医生也不敢给我点，后来就算了。我记忆中当时那个机器很大，我躺在那里，上面的机器像风扇一样转得很快，我很害怕。）

到后来高中毕业，工作了也有一两年时间了，我妈听别人说有家医院激光点痣不错，过年不忙的时候就去弄了。第一次之后还很深，后来又去了一次，还是有点深。我想有空的时候再去看看，结果我妈不让我去，说点了两次点不掉就不能再去了，说我爸死得早，这个痣一生下来就有了，不能点了，他在地下会知道的，说了一大堆迷信的话。就这样顺着她过了一两年，每次我说去点痣，都要被她骂，跟她吵过几次，她都说些关于迷信的话给我听。我跟她说的话，她都听不进去。我问她，**这个痣长在你脸上，你就会好过吗？**说她不相信科学，每次都要被她顶回去。**因为眼下这颗痣，我感觉对我的生活工作造成了影响。**随着年龄的增大，去工作，时常因为这颗痣感到**不自信，有点自卑**。进到新的环境，感到别人有时会用异样的眼光看我，心里有点不开心，时常不敢去面对别人。胆小、内向，想要改变却无能为力，**每次下班回家**，开电瓶车开得很快，**很匆忙的样子**。到家后脑子里有点乱的感觉，爱照镜子，有点自恋加自卑的感觉。【评价是自己给自己的，外界不能增一分，也不能减一分。】【是由于"自卑"，所以归因到"痣"上，这是错误的归因。】【接纳自己现在的状态吧，做"真实的自己"吧！】

去年九月份，我妈逼我去做个全身体检（她都是听别人说的）。

到了那里，那个医生看我没精神的样子，就说我没病，回家每天敲什么穴位、跑步，去找工作，还有要去把这颗痣点了。我说点了两次没有点掉。医生说自己脸上的痣也是点了三四次才点掉的。后来还筛选了些项目做了检查，回到家后我说要去点痣，而我妈每次都说些迷信的话，又说身体先看好再说。【为何一定要你妈同意呢？】

今年2月份，不顾妈妈的反对，自己去点了一次痣，那个医生说让我点了要连着点。时间长了没点干净，点了回到家又跟妈妈吵了一顿。那次

点了之后还有一点点没干净，本来一个月之后就可以再去了，到现在还没有去。【或许身体的不适，与这些"暗示"言行有关。】

4月30日

在家时间长了，没有工作，感觉他们有些焦躁。待在家里**怕**他们说我，**比如我在楼上，我妈突然上楼，我就担心她又要说我怎么怎么了。**【双方都焦躁了吧！】

看到马路上许多豪车，这几年旁边造了许多漂亮的房子，就在想这七八年来变化太大了，**有点接受不了，羡慕别人的好**。而我们这些外地的租房子住，打工赚不了多少钱。【不出去的背后可能与自卑有关，也与害怕成长有关。像《千与千寻》里的主角一样地生活、工作吧！羡慕并没有用，做真实的自己吧！】

老家的房子已有十多年没回去住了。那时他们在家没地方去，看到别人在这里种蔬菜不错，这一种就是十多年。所以我小学六年级开始就在目前这个城市了，工作也是。工作三四年基本上一年换一次地方，基本上都是因为太累，休息天太少。一个月才两天左右休息时间，而且是体力活，我身体又瘦，主要还有觉得工资太低。认为自己还是比较能吃苦的，相比起本地的同龄人。工厂里的工人大部分都是外省的，他们很能吃苦，本地人不多，可能是因为环境的关系，本地的年轻人愿意在工厂上班的很少。【还是"观念"问题，靠自己的劳动，把自己养活，这就是人的"尊严"。】

一些同学也都转行了，时间长了，我也厌倦了，不想干了，想换别的。但做别的又没经验，迷茫，又只好去做回这个数控工作。所以上班期间都不是快乐的，做这个每天傻傻地干活，感觉自己像个机器人一样。交不了几个朋友，在厂里有几个认识的也聊不到一起。几乎每天都是在那工作，接触朋友很少，**心里早就厌倦了**这样的生活，可又不知道去做什么。【读读《走进天堂的门票》，保持"平常心"，首先接纳真实的自己。】

但我妈认为我比较内向，目前工作比较好，想让我在工厂里一直做下去，时间干长了，工资慢慢涨上去，再在厂里谈个朋友。她老说别人家孩子工作怎么好了，人怎么好了，希望我也这样，我听了心里有点压力。【先把自己养活吧，独立之后就会相对自主。】

第九章 运用禅学智慧疗愈生命的案例选析

2013年下半年拿到了驾照，就想着买车，好想有车开。想问家里借个几万，可是当时家里那边要搞民宿。听别人说有前景，他们也想搞，可以找镇里合作贷款，就这样贷了十多万装修、买电器，也问我借了两万。本来想买车，但因为民宿刚开起来生意不是很好，后来还贴了些钱进去。想着要是没搞民宿多好啊。看着同学买车，街上车来车往，自己经常上网看车，但积蓄不够，家里没钱。【有实力才有魅力！】

【行动比"想"有效，"想"是很耗"精力"的。】

5月1日

怕别人说我这么长时间了还不去工作，**怕**别人说我瘦，像个小孩子一样，**怕**一个人去剪头发，**怕**被别人瞧不起。【"万法唯心造"！】

今天早上，在马路旁边帮家里整理蔬菜拿去卖。期间快要整理好的时候，一辆车子开过来，被我挡住了，那辆车就一直鸣喇叭。**我心想赶紧挪开箩筐让他过去，感觉自己低人一等的样子。**【需要"正念"了。】我叔叔就骂他要开先给你开过去。挪开后他开过来，因为技术不好，一侧还空很多，另一侧擦到箩筐了。叔叔和妈妈他们说他技术不好，技术好的话一下子开过去了。我说他车子刚买的，技术不好。旁边的邻居也是种蔬菜的过来帮忙，还说了句"谁知道车是不是旧的买过来的"，大概这么个意思。又说自己女儿车买来四年了，很干净，看起来还是新的一样。

从此，我明白了，不要把别人想得太好或太差，也不要把自己想得太好或太差，因为大家都是平凡的普通人，都是平等的。【是啊，"万法唯心造"！】

【去"感觉"自己的这种"感觉"，"体验着自己的感受"。及时把念头拉回来。】

5月2日

这几天**老想起**心理医生跟我说的几句话，想着自己该怎么去学他们怎样去生活。看了几部电影，老去想告诉我们什么道理，结果身体这几天又变得难受。前面写日记也是想着身体，想着为什么想了会这么难受。【"无心道易寻"！】

做完一件事情，就会不由自主地用脑袋去想做了什么、什么过程，还有什么没有做的,**好像是心里缺乏安全感。**【是的,你有些不敢做真实的自己。】比如看牙齿,看好了走出来要回家了,可心里却想着还有什么没有完成的,有什么落在那里的,有时还会回想过程,回想发生了什么。【减少用"脑"去"想",多用"心"去"体验",多用"行动""做事"。】

5月5日

今天上午,帮忙整理蔬菜,因为比较多,同乡的过来一起帮忙。他说去年的时候也来这里帮忙,这里湖边的桑葚也熟了。他说到"去年这个时候",我就会去想去年这个时候我在干嘛,想到那时的自己。【"安住当下"!】

有时会计划好接下来要做哪些事情,然后会想着计划好的事。【需要加强"正念"练习!】

5月27日第五次就诊

来访者说已能坚持"正念"训练,并能去体验。已外出工作一周,做老本行模具方面的工作。开始时把一个工具弄坏了,但并没有非常恐惧,打算从零开始。先养活自己,然后如果有可能,再做自己喜欢的事。身体有些累,但能坚持,肠胃功能已不是问题了。

处理:

(1)肯定来访者的进步,并鼓励其继续"忍受痛苦、为所当为";

(2)"宽恕冥想"训练,与心灵深处的重要人物"和解";

(3)观看电影《碧海蓝天》。

6月10日第六次就诊

仍在坚持工作,虽然会有一些心烦,也会偶尔出现身体上的不舒服,但没有一开始那么"厉害",能够自然地去应对这些"麻烦"。与家里人相处比以前顺利。对电影《碧海蓝天》中的两段台词印象深刻:

你知道怎么才会遇见美人鱼吗?要游到海底,那里的海更蓝,在那里蓝天变成了回忆,躺在寂静中。你决定留在那里,抱着必死的决心,美人鱼才会出现。她们来问候你，考验你的爱。如果你的爱够真诚，够纯洁，她们就会接受你，然后永远地带你走……

"潜水痛苦吗？"

"很痛苦。"

"为什么你还要潜水呢？"

"潜水的痛苦在于，当我身处海底时，会找不到让自己浮出水面的理由。"

处理：

（1）"慈悲冥想"训练；

（2）探讨"如何做真实的自己"；

（3）观看电影《推销员之死》。

6月24日第七次就诊

工作适应得良好，体重比就诊前长了3公斤。现在不管是酸的、辣的都能吃了，肠胃也没那么娇嫩了。一直坚持"观呼吸"、"观躯体"、"观情绪"等训练，并坚持实践日常生活禅修。看完《推销员之死》，明白了一个道理："有梦是好的，但是也要勇敢地面对自己的平凡。"

至此，系统治疗结束，嘱其坚持"正念"练习，并把这些方法融入生活。

二、小结

该来访者临床被诊断为躯体症状障碍，由于医患双方均对其心理方面的原因认识不足，进行了两年多的药物治疗，花了大量的钱不说，还对身体造成不少危害。

就我们临床所见，许多躯体症状障碍者反复就诊于消化内科、神经内科、中医科等科室，各种理化检查没有明显异常，但他们仍坚信自己患有躯体方面的疾病。他们往往会因为"吃药总比不吃药好"的理念而进行长期的药物治疗，有些来访者为了能长期治疗而通过"特殊"途径增加了"特殊病种"，达到了禅学中的"痴"的地步。

对这类来访者，常规的心理治疗往往费时又费力，而"禅疗"相对适合，并且容易操作。如果来访者坚持"自我训练"，其病痛往往会在不知不觉中"消失'进'生活"。

情绪低落的唐女士

一、治疗及成长经历

唐某，女，34岁，情绪低落、容易紧张3年，加重1个月，在妹妹陪伴下于2016年2月26日前来就诊。

3年来无明显诱因下开始情绪低落、容易紧张、莫名地担心，不想与人交往，伴胸闷、心慌，容易受到惊吓，睡眠浅，容易醒，醒后难以再入睡，心烦，头脑里不时出现"做人没意思"等念头。家里办厂，是主要管理人员，平时比较操劳。最近1个月上述症状加重，不时以泪洗面，听到电话就紧张，有时会肢体发麻，难受的时候会咬自己，把自己闷在被子里。兴趣下降，注意力不集中。怕冷，有坐立不安感，感觉"压力大"。否认自杀行为。月经不规律。平素体健。有一妹妹，个体户，高中文化，育有一子。父亲有"抑郁症"史。

精神检查：神清，仪表整，定向完整，显得烦躁，表情抑郁，心境低落，思维迟缓，意志活动减退，存在消极观念，未引出幻觉、妄想等精神病性症状，自知力尚存。

心理评估：（1）90项症状清单：总分为297分，总平均分为3.3分，其中躯体化、人际关系、抑郁、焦虑、偏执因子分为重，强迫状态、敌对、其他项目因子分为中，恐怖、精神病性因子分均为轻。（2）心理健康测查表：躯体化因子分86分，抑郁因子分79分，焦虑因子分77分，病态人格因子分67分，疑心因子分69分，脱离现实因子分62分，为12/21模式（易紧张、心神不定、闷闷不乐，自我意识较强，处事优柔寡断，过于介意别人对自己的看法）。（3）焦虑自评量表：68.75分，有中度焦虑症状。（4）抑郁自评量表：77.5分，有重度抑郁症状。

躯体检查：心电图、脑电图、甲状腺功能、血常规、生化检查无殊。

诊断：抑郁障碍。

处理：

（1）支持性心理治疗，"渐进性放松训练"（建议每天至少训练2次，每次至少20分钟）；

（2）抗抑郁药物治疗：草酸艾司西酞普兰片（来士普）：1～4天5mg qd，第5天开始10mg qd；

（3）告知家属注意患者安全及药物管理。

3月23日第二次就诊

自我感觉病情改善3分（共10分）左右，目前以"休息"为主，坚持放松训练。就诊时交谈较第一次顺利了不少，显示了对治疗的信心，但害怕会药物依赖。希望早日治好，"厂里少不了自己"。

处理：

（1）探讨禅学"平常心"、"去我执"、"日日是好日"等理念，提供鲁米的诗《客房》；

（2）"观呼吸"训练和"正念走路"训练，每天至少练习2次，每次至少15分钟；

（3）观看电影《千与千寻》；

（4）草酸艾司西酞普兰片加用至15mg qd；

（5）记日记、成长史和梦。

4月15日第三次就诊

总体情况改善至5分左右。去厂里时会出现一些不舒服，"以前工作的事情又回到脑中"，"要处理事情就感到心烦"，"出去玩心情会好些"。担心家人说自己是懒病。"观呼吸训练"和"正念走路训练"做得比较顺利，能帮助自己缓解不适。

处理：

（1）药物治疗同前；

（2）探讨"应无所住而生其心"以及"心无挂碍，无挂碍故，无有恐怖"等禅学格言；

（3）"观躯体感受"训练、"正念进食"训练、日常生活的正念修习；

（4）观看电影《黑天鹅》和《野蛮公主》；

（5）探讨日记内容。

下文是其日记摘要：

3月24日

昨天感冒了，现在喉咙痛，感觉很累，一直觉得很困，就睡了一下。睡觉时好像不能完全熟睡，胸口觉得有点闷。【你以前把身体当"驴"使了，现在拥抱它一下，"饿了吃饭，困了睡觉"！】

下午3点钟去接小孩，回来后跟姑姑一起去田里摘花草。看到田里一片绿油油的，感觉挺舒服的。摘的时候也挺起劲的，一心一意地摘，人也轻松了许多。【这就是正念，去拥抱生活吧！】

总的来说，今天又是不错的一天。【"日日是好日"，但请不要以情绪和症状为标准。】

3月27日

早上睡醒后，不知为什么心里感觉有点恐慌，有点害怕，使劲调整呼吸，安慰自己不要这样。大概过了一个多小时，心情渐渐平复，然后给家人和自己做了早餐，吃完后做了一下家务。【不问原因，去拥抱感受。】

下午，又和亲戚出去到田里摘了花草，回来后又和她聊了聊我的病情，晒了晒太阳，感觉挺好的。一整天就这样过去了，挺好。【不问症状，去探索其背后的生命意义！】

3月28日

阳光明媚，和姑姑爬山。好久没去爬了，感觉脚很重，但还是坚持爬到了山顶。站在山顶朝远处眺望，感觉心旷神怡。回来后，喝了点热水，然后开始做冥想，冥想过程中还是会经常跑神，但比刚开始好像好了一点了。【"走神"是正常的，只要不"跟着感觉走"和"抗拒感觉"就好！】

本来和家人约好下午去公司，可是心里却有不想去的念头。然后想着推迟点去，后来还是没去。每次想到要去公司上班，心情就变得紧张，不知道什么时候才不会这样，郁闷……【或许是内心（潜意识）里的另一个自己不喜欢做"女强人",而只想着做个"女人";也可能是公司里存在让您讨厌的人或事。那就去探索一下,先听听内心深处的声音!】

3月30日

坐动车去上海,在车上想了好多事情。原来会老想一些负面的东西,现在这种情况每天都在变少,觉得自己的病情开始好转了。【减少用"脑"思考,增加用"心"体验!】

在上海看了中医,医生说我是身体太虚了,然后开了调理的药方。自己也这么觉得,最近这几年身体好像差了很多,希望能有效果。【"虚"是文化上的概念,不可轻信,你主要是"心"累了,因为你一直把"真我"压制得太深,把全部力量放在厂里,而忽略了真实自己的存在。】

4月1日

今天爬山了,回来后开始做冥想,不知为什么每次冥想完后,就要睡觉,睡得还很香。随着冥想的次数增加,现在冥想跑神的次数比刚开始少了一点,时间间隔长了。【或许你平常神经绷得太紧,生活需要张弛结合。这就是建议你练习"正念"的部分原因。】

4月4日

清明节,扫墓结束后,和丈夫的二姐去挖笋。挖笋的时候挺开心的,好像很长时间没有这么开心了。【就这么每天留点时间给自己,与心灵好好相处,去过"真实的生活",体验"存在"。】

4月6日

刚觉得心情还不错,这会儿就又变差了。爸爸说身体不好要去上海检查,然后妈妈说她也要去。我就问她去看什么,结果妈妈说我们姐妹都不关心她。我解释说你去看什么科,我好先挂号,妈妈就说了一大堆我们不关心她的话,我又郁闷了,沉默着不说话,过了一会儿就回家了。【看来生病有时是种心理需求!】【当情绪被外界左右了,请及时回到"呼吸"上,去觉知自己的感受!】

4月11日

今天去了一趟公司,丈夫待了不到1个小时就去外地了,我就继续在公司。有员工过来跟我反映了各种各样的公司的情况,我的心情又开始微微发生了变化。我感觉我的心脏又开始紧张起来。晚上回到家里，心又开始紧紧的，胃也觉得胀胀的，莫名其妙地觉得恐慌。这时小孩过来缠着我下棋，下着下着，心里才感觉好了一点。【承认人的脆弱了吧？去拥抱这种感觉。】

当感到胸闷闷的时候，我尝试着看了一下《与自己和解：用禅的智慧治疗神经症》，开始"观呼吸"冥想。冥想过程中每次呼吸大概三四次时就会走神，杂七杂八的事情会出现在脑海里，想着想着感觉会很困，有时候就睡着了。有时睡醒了，看着窗外的绿叶，闷的感觉消失了，觉得眼前的景色看在眼里亮了很多。【只是"如实地去觉知"就好！】

5月13日第四次就诊

"症状"继续改善至7分左右。已能体会到日常生活中的正念。观看电影《黑天鹅》收获很大：一直以来自己就像影片中的"白天鹅"那样地追求完美，为别人活着，从没为自己活着；对电影《野蛮公主》中摘下"面具"、过真诚的生活有颇多感触。

处理：

（1）药物治疗同前；

（2）探讨"放下"、"当下"、"无住"等禅学理念；

（3）"观念头"训练和"正念地倾听"训练；

（4）观看电影《时时刻刻》；

（5）记录所做的梦；

（6）探讨日记内容。

下文是部分日记摘要：

4月18日

本打算今天还要去公司，可是觉得害怕，想着上午先调整一下心情，下午再去，可是到了下午还是拖拖拉拉地没有去成。【是在逃避着什么吗？去探索一下。】

今天出现了一个好长时间都没有出现过的念头。闭上眼睛时，出现了非

第九章　运用禅学智慧疗愈生命的案例选析

常晴朗的星空，天空黑黑的，上面都是一颗颗特别明亮的星星。风轻轻地吹在我的脸上，特别舒服，就像回到了小时候，躺在家里的屋顶上，无忧无虑地看着满天的星星，特别舒服。然后，**一个念头就出现了，觉得此刻能在这种环境中舒服地死去就好了**。睁开眼睛，告诉自己不能这样想，又想着难道这段时间好一点，都是因为没有去上班逃避现实的结果？一去处理事情，原先的不安、不舒服又慢慢地冒出来了，我害怕了……【没必要逃避那种感觉和想法，它只是潜意识中的一些内容，需要去拥抱和整合。】

【或许原来的生活让你体验不到"存在感"了，去体验，去审察"潜意识"里的空间。】

4月22日

早上醒来后，看着丈夫的脸，想着他每天忙进忙出，想着公公婆婆也忙忙碌碌的，而我却什么也干不了，心揪了一把，觉得呼吸也变得困难，很内疚。【你的完美主义在作祟！】以为自己经过这段时间的治疗，有很大的转变，能完全好起来，可前两天的事情又让我彻底灰心了。我在想着什么时候才能好，才能恢复正常，会不会永远都好不了了，我又开始惴惴不安。【人本来就是脆弱的，去感受这些生活吧。】

这几天都在胡思乱想。想起了妈妈那天跟我说的那些话。其实我一直是一个谁有事找我，我会马上就去帮忙的人，但平时我也不会刻意去特别关心别人，加上最近生病，因为不想让父母担心，所以也一直瞒着他们。【或许你一直都没有在为自己而活！】

【原来的生活方式为你带来了不少痛苦。抑郁症状或许是在提醒你，生活方式需要适当调整。原来的生活（解决问题模式）让你找不到"自我感"、"存在感"，生病后（存在模式）让你体验到了真实的生活、真实的我以及"存在感"，这是不错的收获。】

【倾听内心的声音，做真实的自己吧，首先为自己而活，然后再是考虑他人，正所谓"利己利他"和"爱人如己"。】

5月11日

今天看了一部电影《野蛮公主》：女主角一开始是带着面具在生活，她不断搞破坏都不是因为她真正的本性，而是因为她的妈妈去世后，她把伤痛埋藏在心底，然后做一些出格的事情，为了引起爸爸的注意。包括寄宿在学校，一开始还是带着面具和室友们相处，一副公主的派头。但渐渐的，因为她的室友们友善地待她，她也开始敞开心扉，慢慢地一点一点卸下她的伪装，真正地跟室友们成为了好朋友。【这就是禅学中的"直心"！】

这里，我觉得自己要向她学习。我平常跟人相处时总是戴着一副面具，展现出来的都不是真正的自己，很少跟人交心。想想如果不真实地对待别人，别人怎么可能真诚地对待你呢？【是啊！真诚的生活太重要了！】

5月12日

5月以来的生活都还算顺利，而在昨天早上又开始突然伤心得很，眼泪流个不停。想着家里的工厂正在转型期间，自己却帮不上忙，心里更加伤心了。丈夫问我怎么了，我哭得更伤心，然后竟然嚎啕大哭。他不停地安慰我说一切都会好起来的，不要太担心。

哭了好一会儿，心里渐渐放松下来，心情平复了许多。想想我以前肯定会一个人闷着头默默哭泣，像这样哇哇大哭一般很少。哭完后也不会像这次这样没一会儿心情就恢复了平静。这算不算也是病情有所好转了呢？【或许是这样！百丈怀海禅师被马祖大师扭鼻痛哭后悟了道，请继续正念地生活吧！】

6月10日第五次就诊

整体状况平稳，感到病情恢复至8分左右。有一次梦到公司与家里时哭了一次，"乱想"时间很少。觉得像《野蛮公主》中的女主人公那样做"真实的自己"很重要，否则就容易像《时时刻刻》中的主人公因体验不到"存在感"而选择自杀。"现在已不会因不去公司而内疚了"，"首先得为自己而活"。已自行把药物减少到每天1片，未见明显不适。

处理：

（1）继续服用草酸艾司西酞普兰片10mg qd；

（2）"观情绪"训练；

（3）探讨存在的意义、自由等方面的主题；

（4）观看电影《彗星美人》；

（5）探讨日记内容。

下文是部分日记摘要：

5月19日

　　昨晚做了一个梦，梦到了小学时的一个同学。那时我们是好朋友，几乎每天都在一起玩，一起做作业，我们还去桂花树下捡落下的桂花。忽然，梦里变成了初中毕业后，她考上了市里的重点中学，接下来就是模模糊糊的梦境了。【或许这就是你一直在公司"拼命"的潜在原因？去探索一下。】

5月20日

　　昨晚的梦：双脚不停地踩呀踩，然后就升到天上去了，在云中穿梭，本来挺舒服的，突然往下掉，使劲地踩也没用，还是不停地往下掉。下面是可怕的蛇窟，惊醒了。【向"潜意识"旅行吧，或许已开始了。】

5月24日

　　昨晚的梦：梦见一个女孩，好像是我，又好像不是我。她是一个很乖很听话的女孩，她在学校里上学，然后她去了一家店里买东西。她买了两支蓝色的笔，看到一支粉红色的笔也很喜欢，但妈妈说只能买两支蓝色的。她纠结了半天，旁边的同学说多买一支也没关系。最后还是没买，突然出现了一只章鱼大怪物，把她的同学吸走了。梦醒。

　　想想梦境里的女孩，也不知道怎么会做这么奇怪的梦。【这些都是自己心底的成分，"妈妈"是"意识中""道德化"的"我"，"女该"是"潜意识中的我"，两者需要"和解"。】

6月5日

　　昨晚的梦：和丈夫两个人去了一家很大的工厂采购商品。商品很畅销，来的人很多，队伍排得很长。然后快排到我们的时候说今天到此结束了。丈夫让我去说说，我说我又没有什么办法，你自己去说吧。然后这样推来推去的，突然楼梯塌了，我直往下掉，梦惊醒了。【"两个自己"还没有"和解"，一个"很积极"，一个"想偷一下懒"。】

6月8日

　　昨晚的梦：昨天晚上打扫了卫生，竟然夜里做了一个打扫卫生的梦。

梦到床底下很脏，里面都是垃圾。我的床本来是很矮的，不知为什么却突然变高了，然后人钻进去把垃圾都扫了出来，接下来的梦便停止了。【这个梦是你走入潜意识的象征，你的心门已经打开，值得祝贺！】【人的心底也有"脏"的成分，我们掩盖不了，但可以把它拿出来见阳光。】

7月8日第六次就诊

偶尔出现胸闷、不适，做正念练习后可以自行缓解。在公司"仍会触景生情"，已经不会逃避痛苦的感觉，感觉难受时会主动去做"观情绪训练"。看完电影《彗星美人》后对禅学中的"无我"的理解比较深刻，认为"人不能被外在的东西束缚住"，"生命的真谛是真诚地生活和处事"。

处理：

（1）心理评估：①90项症状清单：总分为203分，总平均分为2.26分，其中强迫状态、人际关系、抑郁因子分为中，其余因子分为轻。②心理健康测查表：抑郁因子分为66分，焦虑因子分为66分，病态人格因子分为67分，为34/43模式，提示焦虑，紧张，行为偏离。两项评估结果均较初诊时的分值明显下降。

（2）"探索困难"冥想；

（3）观看电影《凡夫俗女》；

（4）继续草酸艾司西酞普兰片10mg qd；

（5）探讨日记内容。

下文是部分日记摘要：

6月12日

今天早上公公和丈夫因意见不合，两个人在办公室吵了起来。我也懒得去搭理，收拾了一下，提前走了。今天感觉有点不好，总觉得有什么东西搁在心里，又说不上来。看看明天这种感觉能否消失掉。

【先去旁观一下自己的感觉；难受时何不去探索一下？以前不想去公司的想法跟内心不愿见到他们有关吗？】

6月13日

昨晚乱七八糟地做了好几个梦。梦到小孩写作业，是做一张试卷。我去检查发现大部分都空在那里，我让补上，小孩却跑了，我使劲喊他却不理我。突然梦境转到我和家里人去一个地方旅游，住到了一家酒店里。第二天起来发现下大雨了，很大，前面马路很快就积水了。这时，梦又转到了另一个场景，变成我姑姑去卖菜，但菜却被隔壁的人偷偷拿走了。之后一些梦的场景记不清了。

今天多做了几次冥想练习，觉得做完之后心里舒服多了。

【你已开始向"潜意识"旅行了！继续正念训练吧！】

6月14日

今天有点胸口堵，躺一躺还是不舒服。因为晚上有姐妹过来吃饭，饭菜做得特别认真。晚上发现胸口那堵得慌的感觉比前两天好多了。这可能是我潜意识里还是会担心这担心那的缘故吧。回想着，或许是晚饭期间我把注意力都集中在饭菜上了，反而心里舒服了。【专注于生活就好！真诚地生活吧。】

6月16日

感觉自己在进步，以前心里压抑的感觉在慢慢好转。庆幸虽然自己前段时间心里都不是很舒服，但思想负担不会像以前那样一直钻在一个问题上，那是叫人发疯的节奏。通过干一些体力活会得到舒坦。【继续探索自己的内心。】

6月22日

有时候喜欢独处不想多说话。跟姑姑出门，她一路上说个不停，我听着挺反感的，但又不好意思说。后来就说想睡觉，她才停息下来。也不是说反感她，就是不想说话，不想回答。【"独处"不是什么坏事。不想听到一些声音，那就练习"声音与思维"的正念。】

6月29日

想想自己最近的情况，病情应该是比以前好转了。自从生病以后，丈夫对我包容了许多，挺谢谢他的。最近睡眠也比以前好了许多。

【更重要的是得自己包容自己。】

7月6日

昨天去公司，公公又在公司发脾气，把全厂的人都骂遍了。下班后感觉挺烦的，就懒得回家做饭，去了爸爸妈妈那里吃饭，之后还去了广场走走，心情比白天好多了。今天早上起来时，昨天的坏心情全都没有了，如果是以前，肯定会不高兴好几天。

带着孩子去公司，顺便督促不太爱读书的孩子做暑假作业，这也是我的烦恼之一。而丈夫又来电话说还要四五天才能回来。换做是之前的自己，这些都会觉得不开心，但这次却是很平静。

【这就是正念，这就是真诚的生活，这就是"存在体验"！祝贺你！继续吧！】

7月7日

今天做完冥想之后想起了小时候。

读幼儿园前的记忆

那时候的事情基本上没有什么特别多的记忆。只记得那时候经常会感冒、发烧，然后妈妈就常常带着我往医院跑。那时候爸爸已经开始跟别人办厂了，家里生活条件虽然不是特别富裕，但也没有什么穷的概念。吃的、穿的都不用去愁。在我们周围这一带算是比较好的。

我有四个姑姑，三姑和四姑对我特别好，整天带着我，有什么好吃的、好玩的都先依着我。可能我是家里第一个出生的，所以对我特别好。

对幼儿园前的事情的记忆就只有这些。

【老大"爱操心"？】

小学时候的记忆

上小学时我是家里的小公主，因为那时我学习很好，经常考试考到前三名，然后每个学期都是三好学生。那时候我的老师一般都很喜欢我，然后也是同学中的领头人，是班级里的副班长。那时经常在放学或者周末时带着一大帮同学去玩，跟现在很不一样。现在如果跟很多人去玩总有拘束的感觉，总觉得很别扭，不知道该和大家说些什么。那时候完全不是这样的，跟别人相处起来都是游刃有余的。那时爸爸就在做生意了，我最害怕的人就是爸爸，他眼睛一瞪，我就一声也不敢吭了。总之，小时候我是一个挺会玩的孩子。

【内化了的自己。意识里的我不断让自己"能干"、"完美"、"有面子",可是潜意识里的另一个自己是"想玩"、"快乐"、"做个真实的自己"。】

中学时期

因为理科的学科学得不是太好,所以综合分没有以前那样好了。家里爸爸妈妈也开始经常吵架,有时候看到他们吵,我就不想待在家里,喜欢住到奶奶或者姑姑家。渐渐地,我没有了小学时那种特优越的感觉。但还好,那时交往的同学、好朋友也挺多的,经常一起出去玩。没有像现在,这种人太多的场合,就感到不自在。那时也挺怕我爸爸的,但我很倔。爸爸对妹妹比较好,因为我妹妹性格很像男孩子。有一次不知道什么事,反正是因为妹妹,爸爸打了我,我差不多一年没有喊过他爸爸。

【"内化的""老大"的担心。你努力工作、做事,与潜意识害怕"失去""地位"有关?不妨探索一下。】

8月10日第七次就诊

自觉已恢复正常,并已把草酸艾司西酞普兰片减到每天5mg,未出现明显的不适。正念练习在规律地进行。认为自己已脱胎换骨了,差不多做到了"饥来吃饭,困来即眠"。已规律地在公司上班,听到丈夫和公公吵架已不会难受,对自己处理不了的事不会硬扛,而主动找丈夫处理。本周还驳斥了一回公公的不合理决定(以前是从来不敢的),在内心上与婆婆的关系也亲密了起来。

处理:

(1)心理评估:①抑郁自评量表:无抑郁症状;②焦虑自评量表:无焦虑症状;③明尼苏达多项人格测验:校正分为61分,其余因子分未见异常。

(2)继续上述正念练习和正念生活;

(3)因家住得比较远,以后在当地医院配药,通过QQ或电子邮箱进行随访。

以下是部分日记摘要:

7月11日

早上带着孩子去吃了早饭后,一起去公司上班。自从得病后办公室招了两个人分担了我大部分的工作,所以有时候去也不是太忙。听她们汇报了一下工作,还有她们处理不了的事我看了一下,跟她们交代了一下。

下午睡完午觉后带着小孩去了公司。现在基本上每天都要睡午觉。以前工作很忙,可能压力太大每天半夜两三点钟就睡不着了,早上六点多要起床准备送孩子上学,可那时候又是想睡的时候,就这样开始了一天的头痛、眼痛,反正全身都不舒服。到后来眼压开始升高,看不见东西,几乎每个月都会有一两次,过了几个月后又得了慢性荨麻疹。**以前想要午睡也基本上没时间,都是硬撑着不睡。**晚上还要监督孩子写作业,因为他不太爱学习,性格又很倔强,所以带他挺累的。【身体早就给你发出警报了,只是你一直没重视。】

现在想想我以前基本上每天的神经都是紧绷的。现在改善了许多,人也慢慢地开始轻松下来。前两三年很久没有那种发自内心的舒心了,以前是有时脸上在笑,但心里面会始终有压抑、不舒服的感觉。**最近开始好像有以前那种正常的感觉了,开心时就是开心,不开心时就是不开心。**【这就是"直心"、"平常心"的精髓!祝贺你回到了存在意义上"人"的角色!】

7月16日

昨晚做了一个梦,梦见孩子的数学作业不知为什么每隔几页就被我写了日记,然后我很着急不知怎么会这样,然后就醒了。

今早吃完饭后去公司上班,看见公公和老公正在吵架,吵得很凶。他们由于意见不合,经常吵架,老公请公公帮他看一下公司就好,但是公公什么都要管。老公走出去了,公公又冲我发火。以前我总是忍了就算了,今天不知道为什么突然脾气一上来冲他回了嘴,他愣了一下转身走了。我也倍感轻松,可能以前压抑得太久了,每次他无缘无故地冲我发火,总是想着他是长辈,忍忍就算了。【合理的愤怒,很好!你开始做真实的自己了,值得祝贺!】

7月18日

今天去公司上班时,公公主动叫了我。我想想妹妹说的一句话**"要学**

会说'不',不能一味地去迎合别人,有时候也要学会拒绝别人",挺对的。我想我以前就是遇到一些其实不用去做也没关系的事情,我总是不好意思去拒绝,然后硬着头皮去干,其实觉得也挺不好的。【是啊!只要继续如此工作和生活,身心自然安康。】

7月21日

今天早早地起床了,准时去了公司上班,挺忙的。跟老公谈工作时有点意见不同,两个人辩了起来。完事后想想,如果是以前我们吵了几句,我会控制不住地生好几天闷气。今天事情过后一会儿,我的心情就平静了。晚上全家人一起去游乐场玩,轻松一下,白天烦恼的事情基本上都没有再想起。【这就是"禅学智慧"!请继续坚持"正念禅修"练习!】

7月26日

今天公司放假,早上送婆婆去老家办点事情,一路上我们说了挺多话。以前我很少单独跟她说这么多话,虽然我们一起生活了十多年,但我总是和他们亲近不了,总觉得有一种隔阂在那里。平时我们也没什么矛盾,应该是我性格的原因,有小矛盾我们也会互相迁就。可能最近病情好转了吧,一路上我们交谈得挺开心的。【表面的相敬如宾毫无意义,你这是真诚的人际关系。祝贺你,你已经康复了!请继续过"禅意的生活"。】

二、小结

该来访者系心境障碍,存在消极观念。出于安全考虑,先以药物治疗为主,在病情有所改善后再结合"禅疗"。我的体会,在心理障碍的治疗过程中,药物与心理治疗的关系有如"游泳圈"与"学游泳的行动"。

正如本例来访者的治疗过程所示,如果没有抗抑郁药,"禅疗"实践有可能会不顺利;同样,如果光靠药物治疗,她的完美主义是不可能摆脱的,她对基本生命主题和人际关系的体验难以发生质的改变。

总之,不管是精神/心理卫生科工作人员,还是心理障碍来访者本人,都必须同时关注临床症状以及症状背后的"存在性"问题。因为,只有这样的疗愈才是彻底的。

主要参考书目

[1] 包祖晓. 与自己和解：用禅的智慧治疗神经症 [M]. 第 1 版. 北京：华夏出版社，2015.

[2] 包祖晓. 唤醒自愈力：用禅的智慧疗愈身心 [M]. 第 1 版. 北京：华夏出版社，2016.

[3]Shamash Alidina 著，赵经纬，刘宁，李如彦译. 正念冥想：遇见更好的自己 [M]. 第 1 版. 北京：人民邮电出版社，2014.

[4]Ronald D·Siegel 著，李迎潮，李孟潮译. 正念之道：每天解脱一点点 [M]. 第 1 版. 北京：中国轻工业出版社，2011.

[5] 派德玛西里·德·席尔瓦著，顾歌译. 正念治疗法 [M]. 第 1 版. 广西：漓江出版社，2016.

[6] 罗杰·沃什，法兰西斯·方恩主编，胡因梦，易之新译. 超越自我之道 [M]. 第 1 版. 北京：中华工商联合出版社，2013.

[7] 布兰特·寇特莱特著，易之新译. 超个人心理学 [M]. 第 1 版. 上海：上海社会科学院出版社，2014.

[8] 圣严法师. 禅的体验 [M]. 第 1 版. 西安：陕西师范大学出版社，2009.

[9] 罗洛·梅著，郭本禹，方红译. 心理学与人类困境 [M]. 第 1 版. 北京：中国人民大学出版社，2010.

[10] 科克 J. 施奈德，罗洛·梅著，杨韶刚，程世英，刘春琼译. 存在心理学 [M]. 第 1 版. 北京：中国人民大学出版社，2010.

[11] 罗洛·梅著，方红，郭本禹译. 存在之发现 [M]. 第 1 版. 北京：中国人民大学出版社，2008.

[12] 罗洛·梅著，宏梅，梁华译. 爱与意志 [M]. 第 1 版. 北京：中国人民大

学出版社，2012.

[13] 罗洛·梅著，杨韶刚译. 自由与命运 [M]. 第 1 版. 北京：中国人民大学出版社，2010.

[14] 巴里·马吉德著，吴燕霞，曹凌云译. 平常心：禅与精神分析 [M]. 第 1 版. 上海：东方出版社，2011.

[15] 普济. 五灯会元 [M]. 第 1 版. 海南：海南出版社，2011.

[16] 道原著，顾宏义译. 景德传灯录译注 [M]. 第 1 版. 上海：上海书店出版社，2010.

[17] 瞿汝稷，德贤，侯剑. 佛典丛书：指月录 [M]. 第 2 版. 四川：巴蜀书社，2012.

[18] 罗伯特·所罗门. 哲学的快乐：干瘪的思考 vs. 激情的生活 [M]. 第 1 版. 广西：广西师范大学出版社，2015.

[19] 欧文 D. 亚隆著，黄峥，张怡玲，沈东郁译. 存在主义心理治疗 [M]. 第 1 版. 北京：商务出版社，2015.

[20] 拉斯·史文德森著. 李漫译. 时尚的哲学 [M]. 第 1 版. 北京：北京大学出版社，2010.

[21] 卡尔·古斯塔夫·荣格著，张月译. 潜意识与心灵成长 [M]. 第 1 版. 南京：译林出版社，2014.

[22] 路泉刚，穆国库，李艳琴，等. 向佛门学点养心治病之道 [M]. 第 1 版. 重庆：重庆出版集团，2010.

[23] 卡尔·古斯塔夫·荣格著，冯川译. 精神分析与灵魂治疗 [M]. 第 1 版. 南京：译林出版社，2014.

[24] 托瓦尔特·德特雷福仁，吕迪格·达尔可著，易之新译. 疾病心理学 [M]. 第 1 版. 上海：上海三联书店，2014.

[25] 曼弗雷德·吕茨著，曾文婷，喻之晓，赵雅晶译. 疯狂——你活得越正常，越有病 [M]. 第 1 版. 广西：广西科学技术出版社，2013.

[26] Emmy van Deurzen 著，罗震雷，谭晨译. 存在主义心理咨询 [M]. 第 1 版. 北京：中国轻工业出版社，2012.

[27] 科克 J. 施奈德，奥拉·克鲁格著，郭本禹，余言，马明伟译. 存在 -

人本主义治疗 [M]. 第 1 版. 安徽：安徽人民出版社，2012.

[28] 乔. 卡巴金著，陈德中，温宗堃译. 不分心：初学者的正念书 [M]. 第 1 版. 北京：中国华侨出版社，2014.

[29] 杰克·康菲尔德著，唐唐译. 初学者的冥想书 [M]. 第 1 版. 天津：天津人民出版社，2014.

[30] 埃里希. 弗洛姆著，刘林海译. 逃避自由 [M]. 第 2 版. 北京：国际文化出版社，2007.

[31] 孙隆基. 中国文化的深层结构 [M]. 第 1 版. 北京：中信出版社，2015.

[32] 帕维尔 G.·索莫夫著，郭瑛译. 像莲花一样生存 [M]. 第 1 版. 北京：机械工业出版社，2013.

[33] 许添盛口述，李佳颖执笔. 不正常也是一种正常 [M]. 第 1 版. 北京：清华大学出版社，2014.

[34] 明恩溥著，刘文飞，刘晓旸译. 中国人的气质 [M]. 第 1 版. 上海：上海三联书店，2007.

[35] 焦谛卡禅师著，果儒法师译. 觉知生命的七封信 [M]. 第 1 版. 海南：南方出版社，2010.

[36] 科克 J. 施奈德著，杨韶刚译. 唤醒敬畏 [M]. 第 1 版. 北京：机械工业出版社，2016.